我懂你的职场焦虑

你需要的不是不可替代，而是与众不同

文双 著

SPM
南方出版传媒
广东经济出版社
·广州·

图书在版编目（CIP）数据

我懂你的职场焦虑 / 文双著. —广州：广东经济出版社，2019.6（2019.7 重印）
ISBN 978-7-5454-6685-0

Ⅰ. ①我… Ⅱ. ①文 … Ⅲ. ①成功心理－通俗读物 Ⅳ. ①B848.-49

中国版本图书馆CIP数据核字(2019)第065882号

出 版 人：李 鹏
责任编辑：王成刚
责任技编：许伟斌

我懂你的职场焦虑
WO DONG NI DE ZHICHANG JIAOLV

出版发行	广东经济出版社（广州市环市东路水荫路 11 号 11～12 楼）
经销	全国新华书店
印刷	东莞市翔盈印务有限公司 （东莞市东城街道莞龙路柏洲边路段）
开本	890 毫米×1240 毫米 1/32
印张	7
字数	162 000 字
版次	2019 年 6 月第 1 版
印次	2019 年 7 月第 2 次
书号	ISBN 978-7-5454-6685-0
定价	48.00 元

如发现印装质量问题，影响阅读，请与承印厂联系调换。
发行部地址：广州市环市东路水荫路 11 号 11 楼
电话：(020)38306055 邮政编码：510075
邮购地址：广州市环市路水荫路 11 号 11 楼
.电话：(020)37601980 邮政编码：510075
营销网址：http://www.gebook.com
广东经济出版社常年法律顾问：胡志海律师

序一

Preface

致这个时代的职场人：
成功的第三种配方

有人说，这个时代的职场人想要取得一定成就，想要成功，一点也不难，甚至可以说是十分容易。此话不无道理，互联网时代，新贵频出，凭着天赋异禀靠才华获胜的、凭着后天努力打拼成功的，都可以找到很多例子。总结下来你会发现，成功的配方无非是“梦想+天赋”，或者“梦想+努力”这两种。梦想是什么？就是一颗种子，是你想去做，有动力去做，乐意为之拼搏并期盼其实现的目标，而天赋或努力则能帮助你去做成这件事。回到现实，为什么我看到的依然是绝大多数人在路上，没能成功，甚至连出头的机会都没有呢？

在我十几年的人力资源工作中，总会有人问我：“进入职场后，那种刚开始工作时的热情、韧劲，在现实的打击下一点点地消退，我该如何面对漫长的职业生涯？”这个问题，相信不只是让初入职场的人感到不知所措，就连已经在职场中混了多年的人，也同样会感到困惑。这也是大多数人所处的职业状态、人生困局。

我们进一步放大这种困惑，把它撕开来看，问题的本质就在于梦想与命运不同步。在能做梦的年纪里没有能力，在有能力时却被家庭、经济、病痛等问题所困，不仅失去了实现梦想的勇气，还心安理得地过上了循规蹈矩的日子。职场人，总会有不同的际遇，但也会有些共性。到底是什么决定了梦想和命运的关系？下面我先讲一个鱼的故事。

鱼的白日梦

一个湖泊里住着一条有梦想的鱼，它梦想着有一天可以像鲸一样到大海里去畅游，可是这个湖泊离大海有十万八千里远，如何才能游到大海里去呢？湖泊里其他鱼知道了这条鱼的梦想后，都讽刺它在做白日梦，根本不可能游到大海里去。

一位鱼前辈特地前来劝阻说：“陆地和海洋是相互交替的，我们生活的湖泊之前就是陆地，按照这个规律，这里应该过不了多久就可以变成海洋了，请你试试耐心等待，不久后就能在大海里畅游了。”

湖里的另一位鱼前辈知道后，也来给这条鱼介绍经验：“外面太危险了，到处都是渔民在撒网捕鱼，况且大海离我们那么远，还没游到大海你就被渔民抓走了，当然，如果你运气足够好，冲破重重困难，那么有一天你就可以到大海里去畅游了，你可要考虑清楚哦。”

很明显，如果听从第一位鱼前辈所言，万一等来的是长年的干旱，这条鱼很可能就会被晒成咸鱼；如果按另一位鱼前辈所说的去做，则有可能像西天取经那样，经历重重困难才到达大海。如果你是这条鱼，你会如何选择呢？

这条鱼怎么选对我们来说并不重要，因为重点是两位鱼前辈的思想。换成今天职场中的说法，第一种情况你等来的结局很可能是中年被裁员；而第二种情况就是主动选择改变，多数人会碰个头破血流还是一副穷酸样，少数人能够杀出一条血路最终一鸣惊人。这两种情况都得死，按照流行的说法，一种叫“等死”，另一种叫“找死”。我也常问自己：“要怎么选呢？”平凡人怎么样不好说，但一出生就有天赋的人，历史上倒是有例子，我们来看看。

命运交响曲

卓别林这个名字，对全世界的人来说都不陌生，他扮演的流浪汉总是穿着一条与身材不符的肥裤子和一双大皮鞋，手里拿着一根手杖，头戴一顶圆形礼帽，嘴上留着一撮小胡子，迈着鸭子步走路，让人看过一眼就很难忘记。

卓别林是个孤儿，长大后好不容易在游艺场找到一份打杂的工作，他很有表演天赋，常常模仿台上演员的动作。一次偶然的机会，卓别林等来了代替其他演员上台表演的机会，开始为世人所知。1913年，卓别林随着当时英国著名的哑剧团去美国巡回演出时，被美国导演塞纳特看中，终于开始了他的艺术生涯。那一年卓别林正好24岁。

另一个年轻人就没有这么幸运了。相信大家都看过北宋王安石笔下的《伤仲永》，说的是农民的小孩仲永，5岁前都没学习过，有一天却突然写出诗来，这事在县里传开后，大家纷纷找他写诗。但是，由于过分的透支，成年的仲永成了一名普通人。

卓别林默默地在台下模仿别人的表演，等到时机成熟时才被世人发现他的表演天赋；而仲永5岁展露才华，却被父亲和围观群众所迫，走上了错误的道路，终于在成年时“泯然众人矣”。现代社会中有如卓别林的人，他们不管是在学校还是在职场中，总能耐心等待适当的时机展现自我，如草根出身的王宝强、电视剧《猎场》里的郑秋冬等都属于这种；也常有像仲永这样的人，他们在学校的时候往往是数一数二的人，但在真正进入社会体现个人价值的时候，突然就不行了，一些奥数冠军、中高考状元成年后反而变成普通人的事，你一定早有耳闻。

努力有用吗

卓别林和仲永皆是有天赋的人，但命运却有所不同，那么，我们这些没有天赋的人，该怎么办呢？答案当然就是努力。但是人们总会有这样的误会，认为只有自己真正热爱的事，才是我们应该全力以赴去做的。可现实中又有多少人真正知道自己究竟热爱着什么呢？大多数人也许一生都没有运气碰到自己所热爱的工作。

努力工作有用吗？努力与不努力的最终结果有区别吗？努力在职场上又是一种什么样的“姿势”呢？当你面对一份自己没有热情的工作时，你是凑合着混日子，还是披荆斩棘、精益求精呢？没错，努力是一份气质，是一种精神，甚至是一种面对人生的信仰。可是，就算你找到了自己热爱的工作，努力就可以了吗?

我的答案是：并不见得。因为方向错了，努力就会徒劳无功。

有了信仰就能成功吗

现今大多数人走的职场道路其实都是错误的，他们把职场历练视为一份工作，而不是一段职业生涯；他们将过多的注意力放在眼前，更关心的是下个月的升职加薪，而不是职业的整体规划；他们把职业生涯当作一场短跑比赛，而不是一场至少持续40年的马拉松，以至于卓别林级的机遇来临时却泄了气。

当然，每个人都希望自己是鲸，而不是咸鱼，但现实情况却是，你不断向别人寻求建议以获得成为鲸的答案，同时你还漫无目的地四处跳槽，或者停留在意义不大的岗位上，不会做选择的你从来没有摆脱过咸鱼的身份。不要做这些无谓的挣扎，你真正需要的不是一份职业规划，而是一个长达40年的信仰。这个信仰能让你在40年里一直怀着梦想，一直努力坚持，面对逆境也能有一颗强大的心，成功的概率也就无尽地增多。可是，在这个不确定的年代，这真的就足够了吗?

成功的第三种配方

我总结出职场快速成长的两个必要因素：其一，是一个厉害的平台，也就是有增长势能的平台。比如进入百度、阿里、腾讯、小米、美团、京东、滴滴、今日头条这样的“独角兽”公司，抑或有快速成长空间的创新型的初创公司和团队。其二，当然就是靠你自己了，以“梦想+天赋”，或者“梦想+努力”面对工作，相信运气也不会太差，最终也能有车有房，甚至实现财务自由。但如果你一没天赋，二不会选方向，不知道努力是否有效，该怎么办呢?

这就是本书给你的答案，即成功的第三种配方：成功=梦想+常识。

PART1——置顶梦想

这一部分谈到的是驱动着每个人前进的原动力——梦想，然后指出通过自我认知的更新与改变，你值得拥有最高点赞数的梦想，以及分享在实现百万年薪的过程中，我修炼了哪些方面的能力。

PART2——无畏成长

现代职场变化太快，特别是互联网企业，它们的平均寿命只有1.8年。在这个激烈动荡的知识时代里，我们应该如何自处？如何收获成功的人生？这一部分将涉及知识赋能、极简思维、软实力、同事关系、向上管理、情绪管理，以及如何成为职场人脉王。

PART3——激进选择

每个人在职场中，甚至在人生中，其实都面临着一个“原选择”，那就是你要“伪装地活着”还是“真实地活着”。还好今天是市场经济时代，“自由流动”是时代的潜台词，因此你就有充分的选择权，对于身在职场的人而言，每一次跳槽就是最重要的选择，没有之一。这一部分我将用大篇幅内容教你如何做好选择，同时跟你分享每个职场人都需要的干货——跳槽五步法。

PART4——修炼青春

初入职场的5年，是许多人职业生涯中最困难的时期，这一部分我将跟你分享我的青春盛宴，同时，作为普通人，我同样深思过工作到底是为了什么。如果你现在际遇不好也请不要气馁。职场里有乾坤、有幻象，我初入职场的5年经历一定能带给你一份踏实感。

PART5——优雅心态

最后一部分，我们谈心态、谈信念、谈信仰。我们可以什么都没有，但必须要有信仰，相信信仰的力量。

▶序二

Preface

找到你未来的路，
并且奋发向上

儿时，外公家在一个三面环山、门前有水的地方，外公一直在床头摆放着一个神秘的木箱，里面有许多书，有金庸、古龙、卧龙生、诸葛青云写的武侠小说，有《三国演义》《西游记》《水浒传》，也有《史记》《汉书》《资治通鉴》，当然还有《礼记》和《三字经》，我所受的文字熏陶基本于此。

每逢夏夜，我总是搬来一张板凳，端坐在外公床边，听外公讲各种故事，从武侠到神话，从古代到现代，怪力乱神，一遍又一遍，百听不厌，这也让我打儿时开始就在心里种下了一颗种子：成年后，我要做个江湖侠客，因为侠客都很厉害，不愁钱花，不用干活，万人敬仰。每天晚上，我都伴着各种英雄美梦入眠，那段时光是极其美好的。

10多年前我在外企，在D公司干销售，一年卖几亿元的货，还屡获亚太区总裁大奖，内心很有成就感，也极度自满。但很快我发现不对，外企这条路不适合我，我开始跨入互联网行业，踏入人才服务领域，27岁当总经理，一干就是10多年，也算得上见证了中国人才服务领域的发展史。后来我还成为资产几十亿元的公司的合伙人，也做了副总裁，年薪百万元，这些年带过上千名下属，他们后来有的成了CEO，有的在上市公司做高管，有的创业很成功，有的实现了财富自由，也算是实现了他们当初的梦想吧。而我，经过了10多年的沉淀，自然也算得上是一名职场老人了。

那么，可以去复制他们的路径吗？时代不同，环境不同，际遇不同，对成功路径的复制似乎不太现实。光环背后总有坎坷，荣誉背后还有血泪，这些荣耀虽然已经成了过去，但值得我们思考和总结。

当我开始慢慢总结一些东西时，我发现有一些特质是值得从一开始就去培养的，比如自我认知，比如思维模型，比如选择……这些与环境和机会无关，与训练和感知有关。有一句话说得很好：有些人不知道自己不知道，有些人不知道自己什么不知道。而我相信，有很多人不是不知道，是没有机会得到系统性的启发、训练和指导。

我开始思考，我到底可以分享什么知识？

第一，不能玩虚的，因为我不是什么学家也不是什么大师，仔细分析后，我认为不能分享创业经验，因为创业很苦，不值得分享；也不能分享管理经验，虽然我帮助过很多人成长，但多半是因为他们的毅力打败了他们的困顿。

第二，不能只讲概念，那不是互联网思维。虽然在互联网行业待了10多年，但我自认还是个学徒。仔细想想，在我过去的经历中，有一个很重要的体验，那就是帮助诸多优秀的企业制定人才战略以及寻觅高管。从诸多的案例中，我整理了一些优秀人才的特质，同时也理解了大公司对高管的要求，我想花一些时间整理10多年来我在人才领域、在职场中的所见所闻并把它分享出来，希望能对那些依然在奋斗进取、对未来抱有期望的职场人有所帮助。

由于工作的关系，整本书断断续续花了5年时间才整理完成，起笔时我家闺女刚刚蹒跚学步，落笔时我年纪近百的外公刚入土为安。回想整个过程，漫长又充满起伏，也总算是对自认生性洒脱、好为人师的自己有了一个交代。倒腾文章，我是个野路子，如同刚学会开车的新手司机，一路晃晃荡荡，不停挂挡，还抖动得很厉害。我自认不是一个专业写作的人，我怕整个思绪戛然而止，又怕中途卡壳，所以一点都不敢怠慢，还好都是讲讲体会，吐吐实话，终于大功告成。

我自认为是一个命运拣选的纠结体，恩师说我时而是好学青年，时而又似土匪流氓，有看家的本事，也有乱喷的习惯，这是老毛病，总喜欢不停地讲，有时又冷静得发慌。一个比较随性、洒脱且热爱自由的人写职场的事，得要有多大的胆量？所以各位看客要有心理准备，在阅读的过程中间，有时如坐过山车，有时又如渡湘江，内容多少有些激荡，不保证你不会受内伤。

我多么希望，我的文章能如三月春风一般，给你带来细腻和柔和的感觉，又能如兄弟谈话一般，有画面亦有情感。文中有温暖，有诗意，还有青春的潇洒、惬意和伤感，希望你能接受，那样，我心方安。

如果有内容冒犯了你，那是我的问题，因为我经常会在不经意间冒犯了别人。文中为使读者在阅读时感到愉悦，对诸多至亲好友、领导及同事多少有些揶揄，还请各位多多忍耐，多多包涵；为使文章内容生动，在意气风发不能止时，多少还有些杜撰，请各位勿对号入座。

职场就是江湖，有人从这出发，有人在这跌倒，有人在这欢笑，有人在这哭泣，有人在这寻找，有人在这迷惘，有人在这收获，有人在这失去，有人活着追梦，有人无畏地老去，有人依旧迷恋，有人却头也不回地转身离它而去。我期盼那些风雨飘摇、饱受煎熬的职场老兵能在书中读懂自己，读懂过往，而后找到来时的路，安静地回家。真诚地祝福那些依然满怀憧憬、刚刚上路的职场新人能在书里找到钥匙，找到“糖果”，找到信念，找到自己未来的路，奋发向上！

▶目录

Contents

PART 1

置顶梦想

如果没有梦想，如何骄傲地活着呢

PART 2

无畏成长

什么都可以变，进步不能变

PART 3

激进选择

你的人生选择仅有伪装或真实

PART 4 修炼青春

你要逼自己优秀，然后高贵而坚定地活着

PART 5 优雅心态

信仰就是你美好生活的光辉

PART1

置顶梦想

如果没有梦想，如何骄傲地活着呢

我相信你终有一日会蜕变为你心目中的那个盖世英雄，驾云归来，去迎接那些本该属于你的鲜花和掌声。

一 想当个盖世英雄到底有多重要

象牙塔里的美妙幻想撞上硬邦邦的职场现实，什么英雄梦、王者梦都会撞到现实的南墙，但它们并非全无意义，也许会摇身一变，成为领导梦、创业梦，最终找到融于现实的方法，甚至化为助推你成就自己的动力。而今，王者已逝去，英雄不再有，武侠的江湖也好，英雄的人生也罢，都不属于我们这个时代，更不属于我，他们只属于过去。在这个充满野心的时代，有人的地方还会有江湖，我们的职场就是一个永不休止的战场，勇者重生，强者恒强，曾经的英雄也不过是换了套装备重新出发而已。

你的梦想实现了吗

每个人心里一亩　一亩田

每个人心里一个　一个梦

……

用它来种什么

用它来种什么

种桃种李种春风

……

当这首《梦田》萦绕在我耳边的时候，我开始不断敲打自己的内心，脑海里开始勾勒出一个大概的轮廓，记忆的碎片也开始一幕幕闪现，不知当初背上行囊出发时，心里种下的那颗种子是否已经开始发芽？儿时的梦想，如今又变成怎样，都一一实现了吗？

英雄梦

最初的梦想是要做个英雄，那时的我还很小、很小，但自打有一天从奶奶陪嫁的书桌抽屉里翻出我们家的族谱以后，我的内心开始变得异常兴奋；自打我从爷爷那里听到文天祥这个英雄人物之后，我内心的小宇宙一夜之间爆发了，各种躁动，各种翻腾，我开始不断收集一切有关英雄的故事，开始编制自己的英雄人生。

老妈回忆说，那段时间，我整个人像着了魔似的，她因为担心，差点要请个道士过来给我招魂，不过后来慢慢也就好了，因为家里没人搭理我的荒唐梦想，慢慢地，我自己也就开始学会了遗忘。

后来，我去上学，每天放学后都窝在外公家，外公给我讲名臣曾国藩的故事、人民领袖毛泽东的故事，当然还讲各种武侠故事，听得我如痴如醉，我又开始想要做个江湖侠客。在外公的故事里，所有侠客都很超脱，两袖清风，不愁没钱花，不用干活，爱打抱不平，还受百姓敬仰，这些特质与英雄的形象都那么像，我开始臆断这是个极好的梦想。

当然，这个梦想最终也是无法实现的，这些英雄的人生也好，武侠的江湖也好，都不属于我们这个时代，更不属于我，它只存在于一段段传奇的故事里。

领导梦

我的第二个梦想是当一名领导。这个梦想我从第一天上班开始就有了，只要是管人的，什么领导都行。为了当领导，我开始做计划，开始查资料，开始不断地在网上找方法，学习如何准确、快速、有效地当一名领导。我还买了诸多所谓管理名家的书籍，如什么领导力啊、怎样当好一名经理人啊、高管法则之类的。

很快，我就发现我错了，错得一塌糊涂，而且越来越离谱，那句“不想当将军的士兵不是好士兵”在职场中显得那么格格不入，过于激进、过于急功近利的心态有时反倒会适得其反。循序渐进、老老实实做好手头上的工作，干好自己的活，比成天胡思乱想实际，得到上司真正的赏识远比书本上教授的十八般武艺、各种招式都稳当。“水到渠成”的朴实是那么切合当下，毫不浮夸。不过，一味地追求中庸之道，永远脚踏实地也不完全可取，只会让年轻人越来越守旧，越来越丧失斗志，慢慢地开始堕落。当然，个别体制下的环境除外。

现如今当初的愿望一点一点地在实现，权力与责任变得那么靠近，收获与风险又成正比。其实，当不当领导真的不是那么重要，被人管管也真的没有那么不爽，只要永远怀有一颗不甘平凡的心。在职场生涯中，不管身在何处，不管身处何位，永远记得要不忘初心，永远不要迷失自我，要懂得活在当下。

隐居梦

我的第三个梦想是在郊外的山野中盖上一所房子，门前有一条小溪，小溪里有鱼儿游过。不慌不忙，静听秋日的蝉鸣；不思不想，远看夕阳落尽。席地而坐盼君来，只待清幽山野，梨花盛开。

我是个俗人，彻彻底底的俗人，与无数在城市里生活、工作、奋斗的人一样，脱离不了现实。梦想终有一日，当芳华逝去，时间的脚步变缓，总会有三五好友，定期小聚，大快朵颐，伴着月光畅聊人生，酒过三巡又三巡。回望这一生，除了这些，我们还奢望些什么呢？

我还有城市病，不是很严重，但也不轻。在这个大迁徙时代，生命不息，折腾不止似乎已经刻在我们的脑海里，我们从农村来到大都市摸爬滚打，吃够了苦头，尝遍了冷眼，受尽了各种压力和考验，不停去拼搏，终于能在这个原本不属于我们的地方有了稳定的工作和生活。日复一日，年复一年，疲惫后偶尔小憩，伤心后独自哭泣，第二天太阳照旧升起，一切如往常，赶地铁赶到快要心脏爆炸，打卡迟到了会担心脸上无光，病了在家不上班就会觉得心慌，你说这是不是城市病？

终有一日，我们或许都会懂得，这一切离我们很远，但也很近，我们拼尽全力，倾尽所有在城里买房，可依旧会日思夜想，心念故乡，时不时给家乡的父母报个平安，将所有的苦和累往心里藏。所有奋斗为的不过是有朝一日能回到最初生活的地方，有炊烟有姑娘，门前一条大河，平静如常，周围野花盛开，远处竹林摇曳，如梦如幻，那是记忆中儿时时常玩耍的地方。梦回故乡，那是一抹一抹回不去的思念，身已远，心还在，仅此而已。我们都会在某个酒醉的夜晚感伤，怀想故乡。

我不知道我的这个梦想是不是还会实现，抑或它将永远变成一种奢望。我如今的工作奔波且繁忙，充实又疲惫，我家的姑娘已经蹒跚学步，开始慢慢成长。时光啊，你等等我，我还在努力前行，我只是有点慌张；故乡啊，请别将我遗忘，我是你漂泊在外的儿郎，我待你一如过往。

我们都一样，我们出发时，内心都是如此清澈，如此执着，而如今我们为了到达当初设定的彼岸，拼命向前，如此慌张，我们怕赶不上时间的脚步，为了快速成就自己，甚至开始抓狂。其实我们一早就知道，归宿就是这样，没有捷径；我们一早就知道，其实不必惊慌，前面的路还很长很长，只希望，命运啊，且待我，如往常！

咸鱼与鲸

我们区别于他人的唯有思想，而禁锢我们思考的永远是我们自己，而不是别人。

我坐在飞往北京的飞机上，赶去参加我们在北京的答谢会，当我写下这一段时，我想我终于知道如何去和你聊一聊关于我们长长的路途和漫长的未来。在过去10多年的HR服务工作中，我认识了诸多的朋友，他们如今大多在腾讯、阿里、百度、网易等优秀的互联网公司工作，也有很多在宝洁、IBM、联想这样的国际大企业工作，他们大部分已经升到重要的管理岗位，我回想当初看着他们出发的时候，他们都和你一样，事业刚刚起步。我时常和他们聊天，我们一起探讨了一些关于职业发展和个人职业的话题，慢慢地我们聚焦在“规划”和“信仰”这两个词上。在过去的很多年，不管是到大学里做讲师告诉年轻人如何选择自己的职业，还是跟公司的年轻小伙伴们聊未来的发展定位，总会有人问我：“进入职场后，那种刚开始工作时的热情、韧劲，在各种现实的打击下一点点地消退，我该如何面对漫长、挣扎且看不到边际的职业生涯？”这个问题，相信不只是让初入职场的人感到不知所措，就连已经在职场中混了多年的人，也同样会感到困惑。

Kiki是我早先的同事，跳槽到新公司后用了不到一年的时间，年薪就从过去的10万元升到直逼40万元，级别从一个顾问坐火箭般蹿升到手下有几十人的中层管理人员，还被提名为区域经理的候选人。Kiki今日有如此成就我丝毫不感到意外，反而觉得是理所当然的，因为在我心目中，她是典型的“拼命三娘”，是职场海洋里的一条活生生的鲸。

当她的同事一天约谈3个客户，口沫横飞地连续讲3个多小时，回到公司感觉累得要挂掉时，她却还能在回家的地铁上用电话约谈2个客户。

当她的同组小伙伴被老板安排工作到晚上9点，连轴转了12个小时后累到想骂一顿老板并愤然辞职时，做了等量工作的她回到家后依然能气定神闲地打开电脑继续工作到晚上12点。

当她的同事把方案改到第三版，认为无可挑剔肯定能过关了，拿到领导那里去审核，结果还是被打回来时，她接过去之后，精益求精，修改到第五版。

像写方案这样的小事，Kiki都做得一丝不苟，字体、字号、行间距、边框距离等，永远都有严格的标准。而在服务客户时，Kiki给客户的反馈速度总能比其他同事快。Kiki从来不介意吃饭、看电影时被打断，只要电话一响，随时都能进入工作状态，她在周末甚至休年假时，手机、微信、邮箱都是保持24小时等待状态。

你还记得本书的序一里提到的两个故事——“鱼的白日梦”和“命运交响曲”吗？里面讲到两个职场中人群的代表——咸鱼与鲸，Kiki的同事和Kiki就是职场中的咸鱼与鲸。

一个长达40年的信仰

在职场，唯有信仰可以抵挡我们对不确定的未来的恐惧。

很多人对手头的工作不满意，因为他们的职场道路其实是错误的。大部分的人将过多的注意力放在下一步上，更关心的是下个月的升职加薪，而不是职业的整体规划。大部分的人把职业生涯当作一场短跑比赛，然而事实上，工作是一场至少持续40年的马拉松。

当然，每个人都希望自己是鲸，而不是咸鱼，但现实情况却是，你不断向别人寻求建议以获得成为鲸的方法，你漫无目的地四处跳槽，或者停留在意义不大的岗位上，你总是问为什么成功的是别人而不是自己，你总把身边优秀的人归结为运气好，你总是抱怨自己所处的环境差而不去改变，你总是给自己找借口，而永远不去找一个出口，如此下去你便永远摆脱不了咸鱼的身份。我想告诉你，不要做这些无谓的挣扎，你真正需要的不是一份更好、更舒适、更高报酬的工作，而是一个长达40年的职业信仰。

针对这个信仰，我们可以有一个比较好的方法，那就是把我们40年的职业生涯大致分为4个阶段。

第一个阶段是勇敢地面对。

你的所有努力都源于开始，在第一个阶段，我们应该去忘记一些事情，忘记师兄师姐所描述的美好，忘记书本及课堂里面的条条框框，忘记家长交代的话，因为人与人不同，每个人的职场路都是崭新的，唯有自己去体验、感受和历练才可洞察一切。另外是要接受一些不完美，如不完美的上班地点、不完美的老板、不完美的同事、不完美的工作环境，勇敢地去适应它们，主动地去体验它们，因为在职场世界里，没有什么是容易的，也没有什么是完美的。然后是要放弃一些自我，如自我的娱乐时间、自我的懒惰、自我的面子、自我的胆怯等，将努力放在学习上，通过学习来提升自己的能力，而不应该是职位或职称。在这一阶段，要为职业生涯打好基础并培养良好的早期习惯。

第二个阶段是聚焦和爆发。

这一阶段的主要目标是找到自己的“甜蜜区”，即你所擅长的、所热爱的与世界所需要的这三者之间的交集。这时候你要勇敢地展现自己，让自己成为团队的焦点，想方设法让自己平稳地走在那条可以让自己收获最大的职场路径上。你可以把你的注意力都放在你的优势上，尽最大的努力去发挥它，忘掉你的缺点。

第三个阶段是修炼好自己。

首先恭喜你步入了职业生涯的第三个阶段，这个阶段最重要的是提炼和升华你所擅长的、你所证明的、你所创造的、你所思考的一切知识积累。把你的积累写下来、说出来，传递给身边的人，让周遭的人感受到你的能量，同时，不断打磨心态、领导力、平衡度、人际关系、人格魅力等方面，将优秀的自我升华为值得炫耀的自我。

第四个阶段是寻找持续与延续的可能性。

致力于让自己持续地发光发热，以及找到一条可以稳定延续到60多岁甚至70多岁的新的职业发展道路。你在第四个阶段应该完成三个任务，包括完成继任计划、保持关联性，以及为自己点燃一团新的职业之火，不要让自己在职场中有退休的状态。认真检视你的团队，训练和提拔最让你感到骄傲的人，努力成就他们，聚集你的资源、人脉，去为整个团队和组织赋能，共同创造具备延续性和颠覆性的商业价值和社会价值。

让自己成为一条鲸

世界每一天都在发生变化，我们必须保持清醒，开始新的一天，勇敢地向前游，怀抱热情和专注，终有一日，海就会在前方。

如何让自己摆脱咸鱼的身份成为鲸？下面我会为你提供四条思路。

储足职场燃料

职场生涯的基础决定了职场的结果，因此，为了推动自己跑完这场长达40年的职场马拉松，你需要大量的职场燃料。这种职场燃料主要有三个来源，包括可迁移技能、有意义的经验和持久的关系。全球就业市场以不可预测的方式转变着，如果你没有足够的职场燃料，你就有可能变得不堪一击。职场燃料贯穿于整个职业生涯的各个阶段，第一个阶段，你主要是积累它；第二个阶段，你可以利用它；第三个阶段，你要更新和维护它；第四个阶段，你要争取延续它。

巧妙投资时间

在职业生涯中你需要通过对时间的巧妙投资来构建你的成功。

有人之所以能够成为精通某一方面的专家或者大师，不仅仅是因为有天赋，更重要的是数千小时的学习、体验和实践。就像同样有天赋的卓别林和仲永一样，投入的时间不一样，命运也就截然相反了。你在工作和生活中如何投资时间，对你的成功和幸福有着深远的影响，要想在有限的时间内创造出最大的价值和回报，是需要对时间进行切割分析的。时间轴线分为横轴和纵轴，时间横轴为时间线，分为起步区、爆发区和延续区，时间纵轴为结果区，定义目标达成维度。哪些事情需要时间横轴去拉长线投资、哪些利益点需要在时间纵轴上去产生结果，都需要认真规划好。

探索与学习

职业生涯并不是以线性维度自然增长，你必须时刻保持探索与学习的状态。职业机遇会变化，你的人生目标也会变化。当你遇到了新的路径和机会时，要保持冷静，有策略地安排学习计划，时刻准备好迎接无法避免的变化，并让自己的职业策略随机应变。成功的职业生涯既需要自我的规划，也需要良好的运气。自我的规划之所以必不可少，是因为它能让你抓住机遇，并提升你的能力，在每一次新的机遇来临时，你都需要用新的知识来驱动你的能力增长。最好的方式就是学习和探索，只有这样才可以保持更新自己的技能以面对新的职业挑战。

经营你的人生

职业生涯是生活的一大部分。这就是你需要一个职业规划框架的原因，它不仅可以用来甄选工作，而且是一种让职业生涯融入更广阔的人生追求里的整体方法。所谓的人生追求，包括你的家庭关系、日常工作、未来发展以及终极幸福。你可能会问，那还需不需要做一份职业生涯规划呢？我的答案是需要的，只不过在做这份职业生涯规划的时候，要去找到你的家庭和工作的平衡点，调整好你的团队和你的规划的契合度，让你的资源和你所专注的领域完美匹配，当然，最重要的是请带上你对职业的憧憬与信仰！

二 我们有个共同的征服梦

如果你还没有梦想，不要担心，努力去发现和检阅你生活里、工作中命运留给你的每一处细微的线索，慢慢去发现和探索，你终会发现你的兴趣所在。

立一个点赞数最多的理想吧

2006年，我来到了广州，在一家刚刚被收购的互联网创业公司工作。我给这次选择找了一个很好的理由：为了理想。

这些年招人多了，每每听到对方说出这个理由，我都会一笑而过，然后我会补充一句："你有理想吗？"对方一般会惊讶一下，然后很肯定地回答，至今还没有遇到否定的。

我会接着说："你喜欢钱吗？"

对方一般会迟疑一下，通常答案也是肯定的。

直接说为了钱而工作不是不好，而是怕太过直白，一般人接受不了，就像谈恋爱时向对方表白一样，委婉一点，含蓄一点，似乎更有盼头，更有戏份。

20多岁的青年，没有社会地位，走上大街认识你的也就只有看门的大爷，那时口袋里的钞票变得格外重要，钞票的多少能决定你的胆量，也能决定每年春节七大姑八大姨对你的看法，这点在异乡漂泊打拼的年轻人应该都深有体会。

每年过年回家，阖家团圆，各种问候关怀扑面而来："有对象了吗？啥时结婚啊？啥时要娃啊？当领导了吗？管几个人啊？工资多少啊？……"基本能问的都问到了。

当然，最重要的是有没有买房。如果没有房子，后面的问题基本都可以忽略，这点貌似成了人生历程开始的前提。

天要下雨，娘要嫁人，结婚就要买房，我也逃不掉，所以我俗，俗到要先挣钱买房。

如果说钱不能代表一切，那有钱当然也没有什么了不起。很多事情和有钱没钱确实半毛钱关系都没有，但有些东西却和钱息息相关，比如买东西，没钱就买不了东西，比如买房，钱这东西还得要多，少了不行。

很多人出来工作首先就是为了挣钱，挣钱交房租、挣钱买衣服、挣钱和女朋友看电影吃大餐、挣钱去买房……

在职业生涯的早期，多数人都会把收入的多少作为选择的首要指标，我亦如此，从世界500强到本土小民营公司，说不贪图钞票，看中企业未来、为了个人理想、为了职业发展的都是吹大牛。

到广州后的一年，朋友浩波也从M公司离职来到了广州，说是为了兄弟重聚。其实我内心知道，他是为了他现在的媳妇，当时热恋到不可自拔的女友Kelly而来。

浩波做事情与做人一样，稳当、可靠、谨慎，所以不用脑子推敲也能想到他进入三星是何等顺利，但在他口中却变成了别无选择。这就是他，我的死党，浩波。

有一日，浩波突然找到我，一副行色匆匆的样子。

“走，陪我看房去，我要买房啦！”

我一脸木讷，心想，兄弟啊，你才来广州几个月啊，这么疯狂？

“你搞什么东西啊，兄弟，冷静点行不行啊……”我脱口而出，看他如此冲动，我深感忧虑啊。

“我必须买房，我想好了，我要结婚，所以我必须买房……”

在听完一堆狂轰滥炸、似乎合乎逻辑的歪理邪说之后，我发现凭我一己之力已经无法阻止他的行为了。

于是，我只好去拿车钥匙，并说了一句：“走吧，买去，你别后悔啊！到时哭的时候别说哥没拦住你啊，兄弟！”

“放心，绝不赖上你，我的人生我做主，这不我早点结婚，早点生娃，你就能早点做干爹吗？我都是为了你好……”

听到这里，我终于妥协了，因为我的好朋友给我找了一个我几乎无法拒绝的理由。

后面发生的故事，我想不必我说大家也能猜到一二。在好朋友浩波买了房之后的日子里，他跟我在一起时主要的话题就放在这事上，他几乎天天跑来催我赶紧去买房，而且要买在他隔壁。

我身边大多数朋友买房的动机也大抵如此，比如某某朋友买了，然后他拖着我，我没忍住就跟着一起买了，让人觉得水到渠成，仿佛老天安排，命中注定，顺理成章。

接下来发生的事情可想而知，平时很理智，但在兄弟面前异常心软的我肯定会买，况且我一早就有这个打算。我确实买了，而且如浩波所期望的买在了他隔壁。就这样，我终于还是变成“刽子手”，亲手把自己送上了当一名“房奴”的不归路。

于是，接下来的日子就老老实实工作，踏踏实实赚钱吧，还房贷开始成了每个月最重要且必须要办的一件事，脑子里也时不时多了一个念头：查看银行户头的存款，当然数字不大，且越来越小。

在实现这个目标之后的一年，我大部分时间都是在客户那里或者在去见客户的路上度过的。我把赚取更多工资当成一种习惯、一种爱好，我原来那些所谓的人生理想早就被我抛之九霄云外，没有了旅游，没有了户外远足，甚至放下了我最喜爱的台球，我生活中的一切几乎都已经为了它而让路。

直到后来有一天，老罗对我说，老大你真厉害，居然就买房了！原本应该嘚瑟的我突然间沉默了，这不就是我总调侃朋友的那句话吗？如今真真实实到了我的身上，如此真切，如此刺骨，我开始感觉自己变得如此渺小，我开始害怕，我害怕我变成普希金笔下的渔夫，我害怕我的灵魂永远也去不了托马斯·莫尔所描绘的乌托邦，我开始重新找回自己，我开始寻找那条当初出发时的路，虽然没有路灯，但我勇往直前，目视远方。

确保你梦想实现的配方

无畏地展现个性自我，还是无害地融入集体呢

先讲个故事，加深大家对无畏和无害的印象。《欢乐颂》是前几年都市丽人剧中比较出挑的一部，除了各位主角的穿着和情感，

很多人都关注到她们事业的起伏。作为职场新人的关关和小蚯蚓，是无害和无畏的最好代表。

关关绝对是日常生活中的“别人家的孩子”。她乖巧懂事，勤奋好学，一路从重点大学走进知名企业。进入公司以后，她保持着一贯的作风，勤奋踏实，默默地工作，努力地加班，遇到办公室斗争，关关总是选择退避三舍，就连写年终总结，关关也不敢在别人面前表现自己的才华。名校毕业的关关不是不会为自己争取利益，而是她不敢，不敢张扬、不敢出众，只想无害地融入集体，有她一席之位即可。实质上，关关的这种想法，可不是只有她一个人有，大部分的职场新人都是这样的，他们总觉得职场是论资排辈的地方，讲究个先来后到，生怕自己太过出挑，会遭到同事们的非议。

与关关相反的是无畏的小蚯蚓。小蚯蚓是典型的应届毕业生，敢闯敢拼，对工作充满热情，这样的员工一般有着无限的创造力，是老板们都非常喜欢的类型，但老板们往往又会被这些人的个性所折磨。在咖啡店工作的时候，小蚯蚓想要通过开网店来扩大咖啡店的经营，这本来是件好事，但是她跳过店长直接向老板汇报，往轻了说是她不懂得尊重上级，容易被贴上“有个性，难以管理”的标签；往重了说就是对公司架构的蔑视，部门领导除了管理，本身就有上传下达的作用，如果公司人人无论大小事都直接向老板汇报，这不仅会打乱公司的正常秩序，更会降低工作效率。在职场中太有个性，也会成为败坏你的口碑的原因，风评不好的人，通常都不怎么走运，你觉得呢？

职场上的四种员工类型

我曾一度很是羡慕那些敢于独来独往的人，即使一个人吃饭、旅行，到处走走停停，也能有千军万马的气场。集体最约束人的地方，就是你不得不削尖了脑袋去配合别人的表演。尽管如此，一群人在一起，你还不一定会获得任何有益的技能，加入这样的群体很可能是你“堕落”的开始。职场中究竟要无畏还是无害，我当然不会干扰你的任何选择，我们先来看一下美国加利福尼亚大学研究团队关于这个问题的研究成果。

研究表明，无畏地展现个性自我还是无害地融入集体，这个问题取决于你个人在单位中的地位以及对公司文化的认同程度。也就是说，特立独行的人，不会像别人那样遵守公司的规则，但是为了获得成功，他们就必须努力晋升到一个重要的职位；如果是在职位上并不归属于任何一个部门，只是负责沟通各个部门的工作，起协调作用的工作人员，这一部分人如果想要获得成功，就必须老老实实地去接受、认同公司文化，每天循规蹈矩地处理工作。

那这些研究成果又是怎么得到的呢？下面咱们就来说说这个实验的过程：研究人员首先搜集了2009—2014年，一家中型科技公司601名全职员工的往来邮件信息。有了这些原始数据之后，研究人员特地编了个程序来分析邮件中的语言风格。分析的方法是以某一员工在邮件中使用的语言风格为基础，将其与公司其他员工使用的语言风格进行比对，最后根据相似程度将这些员工进行分类，语言风格一致就代表他们是接受公司文化的一类，不一致的就被视为是特立独行的人群。

根据这一原则，这些员工大致可以分为四类：

（1）双重嵌入式演员，即循规蹈矩的中层。

这类员工往往在文化准则上循规蹈矩，但在组织结构上又是中流砥柱，他们的邮件内容平淡无奇，平时在公司的行动往往不尽如人意，但言语之间却始终透露着想展现自我、被人记住的想法。这类人其实就是有一定的职位，内心有一些想法，但是迫于从众心理，不敢特立独行地把想法付诸行动的人。研究者发现，这种循规蹈矩的中层在公司裁员时，总是首当其冲。想想你在公司占着一个重要的位置却没有拿出相应的工作成果来，不裁你还能裁谁呢？

（2）非嵌入式演员，即被边缘化的新人。

与第一类员工相反，非嵌入式演员既不认同公司的文化，在公司里也没有地位，他们容易被公司边缘化，邮件的语言风格也和公司其他人的匹配度极低。非嵌入式演员以公司的新人为主，通过后期的学习和改变，他们还是有机会晋升为其他三个类型的员工的。如果现在的你也是公司的新人，就赶紧向公司前辈学习吧。

（3）同化型中间人，即虚伪的协调者。

这类员工在邮件中的语言风格和其他员工的匹配度最高，他们可能就是协调公司各部门工作的那些人。尽管各部门之间的文化不尽相同，但这类人依然有能力混得风生水起，深知如何不露痕迹地在各部门间穿梭，但升职加薪与这部分人是完全不搭边的。研究者认为，他们不被提拔的原因正是他们跟谁都谈得来，如果一个人太过八面玲珑，就会很容易给人留下一种虚伪、不值得信任的印象，也就很难得到晋升的机会了。

（4）综合型不遵守规则者，即有破坏力的领导者。

这类员工往往在职场中处于重要的地位，在组织结构中已经有稳当的地位，即使他们在邮件中的语言风格与其他人的不尽相同，他们依然能够通过创造性的思维让这封邮件大放异彩。综合型不遵守规则者在职场中是最有利的，也是最容易取得成功的，他们敢想敢做，在重要的岗位中总是能够取得优异的成绩。

由美国加利福尼亚大学研究团队得出的四种员工类型可知，要想在职场上平步青云，你不仅要与各部门成员相处融洽，还得保持自己的个性，适当地展现自我，做好两者之间的平衡，这是非常重要的。

平衡点

道理似乎大家都能明白，可适当地展现自我时，该如何把握这个度呢？我的看法是：你是怎样的人，与你和怎样的人在一起，其实没有任何必然关系。只需找到你与集体之间的平衡点即可。关于平衡点，我为你总结出三大点：

（1）主动示好。

同事不一定都能成为你的朋友，但彼此之间一定要保持良好的职场关系。身在职场，你要在生活中主动展现善意，比如积极加入同事间的话题和聚餐、帮忙处理一些举手之劳的事情。另外，在工作上要呈现出主动配合的姿态，但不是一味地妥协和服从，而是求同存异，展现成熟、专业的工作态度。通过向同事展示你独特的办事风格，展现你可信赖的一面，同时积累你的人脉，让同事明白你的兼容性。

（2）观察环境。

不管在什么样的公司，你都应该按照公司的文化定位来行事。像比较活跃、有趣的互联网公司，就比较适合前面提到的四类员工中的有破坏力的领导者，在这里工作你不需要扭扭捏捏，大胆地展示自己的个性和创意是完全可以的。在传统企业里，由于这类企业带着明显的中国文化底蕴，员工之间的流动性小于互联网公司。在这样的公司工作，你应该跟双重嵌入式演员一样，学会低调，即使有功也不能表现得太过。如果你是在国企工作，国企残留着比较强烈的“大锅饭思想”，员工之间的流动性是最小的，做一个同化型中间人最合适不过了。因此我建议你：不论在什么环境下工作，个性你可以独特，但风格要合群。

（3）适当表现。

自我表现的方式有两种，一种是邀功，一种是自责。先说邀功，没有老板会喜欢弱者，因此在汇报工作的时候，就不要跟开篇提到的关关一样过度谦虚，在必要的时候还是要勇敢地展现自己，争取参与自己有信心完成的工作任务，展现个人优势，同时让大家看到自己给公司创造的业绩。另外，如果开始的时候就对于被抢功劳无动于衷，那么这种印象可能会一直延续、无法逆转，导致后期吃力不讨好。再说自责，我们在出现错误时，要多找自己的问题，在团队中公开反思和道歉，并且敢于承担和解决问题。主动暴露自己缺点的人，一般树敌都不会多。

跟对人、入对行、做对事

我根据职场中与集体的三个平衡点，为你总结出九个字：“跟对人、入对行、做对事。”

（1）跟对人。

有句话是这么说的：“读万卷书，不如行万里路；行万里路，不如阅人无数；阅人无数，不如名师开悟。”这里的“名师开悟”，说的就是跟对人。

押对牌赢一局，跟对人赢一生。跟着优秀的人，向他学习，经过耳濡目染、潜移默化，不经意间你就会变得更优秀。可以说，跟对人，是一种运气，更是一种能力，可以让你少走很多弯路。和勤奋的人在一起，你不会懒惰；和积极的人在一起，你不会消沉；和优秀的人在一起，你不会平庸。找到自己的伯乐，你会发现，自己走百步还不如伯乐扶你走一步，有伯乐相助，千里马才能日行千里。

（2）入对行。

没有绝对的好行业，但是你选择什么样的行业，决定了你的薪资水平如何。有一点我们必须记住，在这个世界上，成功的人总是少数的，大多数的人都是平凡的、普通的、不太成功的。因此，你不一定要跟随大众，大多数人的做法和看法，往往都不是离成功最近的。大多数人说好的东西不见得好，大多数人说不好的东西也不见得不好，大多数人都去炒股的时候，不是说股票就只升不跌，可以让你赚够钱。

我认为，即使没有绝对的好行业，你也要找到对你而言比较好的行业，并在这样的行业里练就你的大局观。职场中因太无畏展现个性而被排斥，或因无害融入集体而被忽略的人，往往都是眼光狭隘、没有大局观的人。多用欣赏的眼光看待行业内的一切，你就会发现，许多矛盾放在公司层面、放在人生层面都会变得微不足道。在工作中要学会观察环境，以大视角切入人生，力求站得更高、看得更远、做得更大，如此你就能在集体中掌握大格局，顺利地与人相处。

（3）做对事。

在职场中，选择做什么事是你的自由，你用什么样的心态去做事，就有什么样的未来。我常常用这句话鞭策自己：“三十岁以前要跟对人，三十岁以后要做对事。”一个人的成功是各种因素的综合，有时才能只是敲门砖，门开了，做成什么样儿，还得看你是如何做事的。

你在职场中做的事情，往往决定了你的职位高低。你也许有着特立独行的思想，有很多看不习惯的人，但是放在心里就好了，请记住我说的：成熟、体面、随和。无畏也好，无害也罢，这都是别人对你单方面的评价，你只需管好自己的情绪，向别人展示你的能力。长此以往，相信最终集体对你的评价不会差。

三 别怪我说，你的梦很幼稚

在自我认知下如何保持人格独立和价值观升级呢？

我认为，我们掌控职场、掌控人生，关键在于你能否持续保持人格独立与价值观升级。换个简单易懂的说法就是：“你是不是你，你能不能更好。”

通常别人说你不是你的时候，意思是说你这个人变了，而且不是变好，是变坏了。如果真的是变坏的情况，或者人生正处在失控中，我们如何把人生扳回来呢？答案就是保持人格独立和价值观升级，也就是你还是你，同时你不断地在进步，变得更好。

你有让人生“开挂”的标签吗

保持人格独立和价值观升级还有个大前提，那就是自我认知。这个自我认知是什么意思呢？

自我认知分为三个层次，包括：

（1）个体性：know who，知道我是谁。

（2）独立性：know how，知道怎么做。

（3）价值性：know others，知道如何与第三方互动。

那么，自我认知的实际意义是什么呢？自我认知是个体人格独立的前提，通俗地讲就是：你都不知道自己是谁，如何给自己贴标签？事实上，99%的人都不知道自己谁，而只有1%的人知道自己是谁，那99%的还很有“智慧”地一直展现自己的不知道。从1%的清醒认知和99%的混沌认知中就能看出职场上的人群在自我认知这条起跑线上，存在着巨大的显性差异。

在同一公司相同岗位上班的两个员工，一个每天只会等着领导安排才去工作，浑浑噩噩过一天；另一个则把这份工作当作去腾讯公司的跳板。两个人的工作一样，却因为自我认知的差异，站在了不同的起跑线上，这就是自我认知的实际意义。

另外，你需要保持个体独立性，进而在个体崛起的时代里，有独立思维、思考能力和影响力。这也是我一直分享的。在这个扁平组织占主导趋势的时代，你不是要不可或缺，而是要与众不同。哪怕你有着不可替代性，你也不具备标签化。不可替代性只代表功能性，有一天功能性迭代了，你就不存在了，而标签化却能在下一个时代被需要。

举个例子，你每天洗头都要用洗发水，洗发水是必需品，一款用得不爽可以用下一款。今天如果你用了一种叫海飞丝的洗发水，你发现它很好用，它具有去头皮屑的功能，久而久之你记住了海飞丝，于是换别的品牌你就会用不习惯，你就需要去找海飞丝。品牌需要定位，人更需要定位，海飞丝等于去屑洗发水。

那么，在你的组织里你等于什么？比如张小龙等于最牛产品经理。假如你是一名HR，你没有品牌，但你如果是最懂业务的HR某某，你的老板一定会记得你，你就具有了独特性。所以你要给自己一个清晰的定位。

搞懂了自我认知，我们来看看如何提升自我认知。

手把手教你如何提升自我认知

绝大多数人在刚进入职场时，都是通过不断试错来换取对自我的认知和对目标的认知。为什么要试错？因为行动力是认知的实现途径，否则只能称之为“书面认知”或者“浅层认识”。那么，是否有办法通过降低试错成本或缩短试错周期来缩短认知时间和周期呢？

有人提到阅读，也有人提到有针对性的学习，这些都是过程，我们知道知识源于经验，从数据—信息—知识—智慧的链条上可知，知识产生的前提是海量的信息汇集，信息产生的前提是数据汇集。较短时间快速叠加信息仅仅只是信息的累积，不易形成知识，真正具备知识性还是要对信息进行不断消化、不断思考、不断推翻验证，然后通过实践来不断叠加，进而沉淀成自己的知识。一切知识的叠加都能加快认知，因此，我提倡多练习、多学习、多检验、多优化。

还有就是要多找前辈学习，有经验的前辈是具备一定认识高度的，这也会让你少走很多弯路。需要注意的是，我个人还是不推荐过早依赖所谓的大师或跃层式学习，我更相信职场一万小时理论和刻意练习。当一个职场前辈在一件事情上不断地验证、更新、实践，其所沉淀的智慧，一定会带给你更强有力的真实感和判断力，比如我就一直没有通过看视频或看书学会游泳。另外，我个人一直推崇职场人要终身学习，这样才有可能不断更新自我认知。

风口不是等来的，是你的选择

每个个体的认知是存在差异性的，这也是个体之间最大的差距。认知的不同层次决定了大多数职场人的发展方向和选择。比如同样是在深圳择业，在起步初期你的认知源于你的家庭和教育背景，你选择了进入国企拿固定工资，另一个同学因为家庭和教育背景不同而选择了腾讯，今天的结局可能会大相径庭。

又比如在同一个制造领域你的认知是人工智能技术，对方是流程制造，两个认知的差异性可能不单导致成果的差异性，还有可能是颠覆性或者替代性的。比如今天珠三角很多制造业已经开始使用基于人工智能的机器人，这时哪怕你再懂流程制造、精益制造，都有可能会被替代掉。

这其中又涉及对认知的选择和洞察力，通俗来讲，就是选择性认知的能力。这是一种对未来的判断能力。你对未知保有一颗好奇心，主动不断探索新鲜事物，新鲜的事物又为你带来源源不断的新认知，新认知可以优化你的判断力，进而推动你做出更好的选择。再者就是坚定的信念，比如坚信互联网的颠覆性，比如相信人工智能的未来，等等。就像互联网的风口不是遇上或等来的，而是因为你有了认知，会判断，有信念然后选出来的。

认知升级会不断推动你前进，你的世界观、价值观也会不断更替升级。它们会成为你职场进阶的秘密武器，让你在为个体创造价值的同时，也为你存在的组织赋能，带动你的团队和组织的认知升级，你的个体属性也将变为组织属性、社会属性，你所做的一切不再仅仅是为了自己，还是为了他人，为了更多的人，这也是很多人选择创业的原因。

四 年薪百万的职场人

年薪百万的优质人才是什么样子的

在过去的很多年，我带领我的团队服务过上千家知名企业的人才项目，这其中几乎涵盖了绝大多数大型企业的项目，包括世界500强P&G、Oracle、HP、微软等，也有国内各领域龙头公司，比如联想、华为，当然还有腾讯、阿里、京东、滴滴这样的优秀互联网公司。在过去几年，我们帮助国内超过3000家快速成长的科技公司找到了理想的合伙人、核心团队和事业伙伴，我整理了这些优秀人才的特征，勾勒出他们被企业创始人广泛认可的能力值和价值观图谱，总结了一些他们共有的职业基因。

领导力：

（1）对所擅长领域与新生事物的持续学习能力。

（2）对组织环境和身边人与物的洞察能力。

（3）对核心团队与组织成员的凝聚能力。

（4）对战略部署和关键项目的执行能力。

（5）对危机处理和管理问题的决断能力。

（6）对未来发展的洞见与创新能力。

价值观：

（1）正直，对善与恶、是与非的判断。

（2）懂得与团队、合作者、股东和主要业绩贡献者分享成果。

（3）执着与坚韧，不畏挑战，直面困难，甘于寂寞。

（4）忠诚，忠于自我，忠于组织。

（5）有野心与冒险精神，勇于打破常规，诉求更伟大的价值主义。

五 学会做梦，但是，别做白日梦

如何循序渐进地实现你的梦？

养成“一呼百应”的领导力

每一个人都在想怎么让自己变成领导，怎么让自己变得更好，可决定你是否能成为管理者的能力有哪些呢？你可能会突然想到，不就管管人吗？让下属不要乱跑，老实干活不就可以了吗？或者每天激励他们，让他们像打了鸡血一样干活，这样管理不也很好吗？

德鲁克曾经讲过，“管理就是沟通”，可我们今天不谈论如何管理，我们先来聊聊作为一个管理者，应该具备怎样的领导力。只有了解了管理者具备的能力，你才可以去朝着目标前进，去奋斗，去达到目标，最后成为一个合格的管理者。

关于管理者的领导力，我前面跟大家分享过6个要点，只有明白和掌握了这6个要点，深入学习，严格执行，才能更好地朝着领导岗位迈进。

对所擅长领域与新生事物的持续学习能力

不管在什么行业、什么岗位工作，一定要不断更新自己的知识。因为管理者大多数时候是承上启下的桥梁，对上有老板，对下有下属，你要时刻保持一定的灵敏度和感知能力，这样你才能不断发现信息、传递信息和沉淀信息。对身边发生的一切事物具备强烈的好奇心、学习能力，才能具备更宽阔的知识面和更高维的知识结构，才可以具备领导和引领的能力。那么，如何做到呢？下面我列出几个方法：

（1）多阅读相关领域的资讯，比如行业媒体、“大咖”言论、公众号等，扩展自己的知识面。

（2）多和行业高手交流，在多了解行业最新动态和最新发展趋势的同时，跟高手多学习一些高阶的方法论。

（3）选择性地听一些高阶专业课，如对本领域有思维突破和创造力开拓的课程。

对组织环境和身边人与物的洞察能力

什么是洞察力？洞察力是指你对未知的一种预见能力，大多数时候，你身边都有各种各样的人，比如说你的上级，你的相关联部门的同事，还有你的下属和你的客户等。你要时时刻刻有多维的洞察力，提前预知对方的动机和目的，而不是被表象所迷惑甚至被欺骗。举个例子，你的下属和你请假说肚子痛，你可以仔细思考其前一天的状态和其最近的种种动作，接着你向身边的人打听了一下，最后发现其可能是偷偷出去面试了，那么等他回来时你就可以马上用留人法来开展管理动作，包括梳理他遇到的问题，帮助他一起找解决办法，舒缓他的情绪，做好未来的规划和铺垫等，而不是等他找好工作和向你提出辞职时你才发现。

那么，洞察力通常如何去提升呢？我有这么几个方法：

（1）学会密切观察周围事物，勿倚重现象，多思考事物的本质。

（2）多学习逻辑分析方法和通过数据分析发现问题。

（3）多训练自己对环境的洞察能力，锻炼自我的敏感意识。

对核心团队与组织成员的凝聚能力

我们都知道，一个人成不了事，要靠一个团队，而一个团队要凝聚起来，形成一股向上的动力，是需要管理者具有极强的吸引力、人格魅力和凝聚力的。凝聚力代表了一种合力，与团队的文化、氛围、目标感都息息相关。

那么，提高团队凝聚力的方法包括哪些呢？我有一些建议：

（1）汇聚团队情感，让团队更富有活力。

（2）建立彼此的认同感及团队价值观和文化。

（3）常常设立共同目标，奖励和激励团队。

对战略部署和关键项目的执行能力

拥有执行能力往往说起来容易，做起来有难度。可能每个人都有同感，有时候我们接到一个任务，但总因为各种各样的事情缠身，拖慢了任务完成的节奏。一个管理者，只有拥有了好的执行能力，才可以带领团队完美地完成任务。

优秀的执行能力往往体现在：

（1）使命必达，收到指令立刻执行。

（2）超出预期，总是提前完成任务。

（3）整合资源，总是能搞定复杂问题。

对危机处理和管理问题的决断能力

大到一个组织，小到一个团队，每一个人都会遇到危机和管理上的问题，如果对每一件事我们都有足够的判断力，对待突发事件都能够冷静处理，那也就能果断决策了。另外，日常管理上的问题，大到一个战略的方向，小到一个制度的执行，都需要及时拍板，果断做出决定，一旦延误时间，就会失去机会，导致损失甚至更严重的后果。

那么，如何提高自己的决断能力呢?

（1）勇气。拥有足够的胆识和魄力是做决断的基础。

（2）判断力。你对事情的后果、需要付出的代价和走向应大致有个预判。

（3）冷静思考。遇到任何事情，首先要开动你的头脑去分析、去观察、去思考，这样你就可以轻松搞定你遇到的各种麻烦。

对未来发展的洞见与创新能力

有句话说得好，你有多大的格局和视野，决定了你能做多大的事情和承担多大的责任。管理更是如此，必须时刻保持对未来的洞见，要清楚自己所处的领域和行业未来的发展趋势，还有对新技术以及未来趋势的判断和学习，如此才能有效地确定发展的方向。大多数企业和组织都长期把时间花在提高效率上，只有这样交易成本才能逐渐降低，企业和组织发展才能呈线性增长态势。创新则是彻底改变这一切的方法，因为只有创新才可以实现指数级增长，而一个管理者，具备了创新的能力，才能带领你的团队、你的组织实现对未来的期望。

创新就是用低成本、高效率的模式去替代甚至颠覆原有的模式。但创新是最具挑战性的，只有不断尝试，敢于实践，才有可能走出第一步，最后真正实现创新。

有几招可以提高创新能力：

（1）打破思维，从一个点出发，想想如何通过另一种方法让身边的事物变得更美好。

（2）清空你的大脑，像个孩子一样去思考和学习，保持对新生事物的敏感度和好奇心。

（3）提高自我认知，形成跨界学习的能力。

（4）扩大你的视野，勇敢地做出你的第一步尝试。

领导力的修炼持续而漫长，你只有终身学习，不断地更新自己，不断完善自己的各项能力，在实践中不断总结，才可以最终走上管理岗位，带领你的团队，从优秀走向卓越。

五条成就人生的价值观，你占几条

价值观是一个人对客观事物和个体行为总的评价和认知，是一个虚无缥缈的东西，有时候它是我们每个人内心的一把尺，有时候它是我们对待人生和事物的态度。价值观不但影响我们自己，也影响我们所在组织的行为和结果，有时候价值观甚至可以决定一切。

那么，假如我们进阶为一个管理者，我们所在的组织和环境需要我们具备什么样的价值观呢？

正直，对善与恶、是与非的判断

人性本善，善良和正直应该是我们本身具备的基因，但在职场中，也不排除个别人人心狡诈。那么，如何保持良好的团队风气呢？这需要管理者具备正直的价值观，这样，才有可能对善、恶进行区分，才可以明辨是非，支持善良的人。

TIPS：

（1）多做有益的修炼，多做正面和积极的表率。

（2）多帮助他人，多提拔正直的人。

（3）每做一件事情，多问问自己什么叫“赢之有道”。

懂得与团队、合作者、股东和主要业绩贡献者分享成果

不是每一个人都是乐于分享的，很多人认为自己的能力创造的价值应该独享，这也无可厚非，自私是很多人的本性。但作为一个管理者，如果你什么事情都想着自己，什么利益都要自己先沾，久而久之就没有人愿意与你合作，也没有人会与你共享利益。只有懂得合作，才能成为真正的管理者，只有主动分享成果，才可以使你得到更多人的支持和青睐，因为一个人是无法成功的，必须靠团队。

TIPS：

（1）多和你的团队举行团建活动。

（2）多分享利益，尤其是短期的小利益。

（3）不要害怕别人超越你，要让更多的人成为你。

执着与坚韧，不畏挑战，直面困难，甘于寂寞

你的家庭、背景、教育、成长环境，都会决定你拥有什么样的价值观。作为管理者，不管你过去的性格是软弱、保守还是激进，你都要保证你拥有面对挑战的勇气，因为没有一个组织会选拔一个弱者来充当领头人。你只有不畏惧、不害怕，才能带领你的团队冲锋陷阵，夺取胜利。作为管理者，还要学会忍受寂寞，甘于寂寞，因为你是极少数者，可能很多时候都要由你一个人来承受压力，更多时候你要承受挫折、委屈，以及不被理解等，如果你没有坚强的意志，很容易被打垮。

TIPS：

（1）多看书，多思考，多总结，关注自己的心性修炼。

（2）与优秀和值得尊敬的人为伍，学习别人的优点。

（3）多接受挑战，勇敢承担更大的责任。

忠诚，忠于自我，忠于组织

马云说过，核心团队最主要的价值观就是要忠诚，忠于自己，忠于组织，忠于团队。一个优秀的组织是会排斥甚至唾弃叛变者的，不管你遇到什么困难，抑或拥有多大的成功，都不可以背叛你的组织。忠诚是一种信仰，一种永恒的价值观，它不但决定你存在的价值，甚至决定你的命运。

TIPS：

（1）多和你的团队成员和老板们在一起，告诉他们你们彼此需要。

（2）试着让你的合作伙伴更多地了解你，了解你是什么样的人。

（3）自律，管好自己的行为，避免一切可能产生误解的行为。

有野心与冒险精神，勇于打破常规，诉求更伟大的价值主义

很多时候，我们需要的不是守旧派，也不是一成不变的管理者。当然，不同组织环境不同诉求，但大多数企业，尤其是科技企业，多半是在与时间赛跑，与效率和规模赛跑，我们需要的是突破，首先是突破自我的内心，这就是野心，你要有敢于做大的动力，敢于创新的勇气，敢于做行业霸主的野心，这样你的团队、你的组织，才可以从优秀走向卓越。

TIPS：

（1）多培养自己和团队的冒险精神，敢于推翻过去固化的东西。

（2）多让自己处于风险意识之中，尝试用新方法解决问题。

（3）树立更长远的目标和愿景，激励团队，也激励自己。

高压晋升，你的五个标准任务

曾几何时，我们都期待从一个新人晋升为管理者，那么，初做管理者，到底需要做好哪几项工作呢？我归纳总结了五个标准任务，这些都是一个刚刚上任的管理者应该要做的事情，只有做到了这几点，才可以被称为一个合格的初级管理者。

团队建设

要带好一个团队，必须时刻保持团队的氛围，鼓励大家积极向上和营造一个轻松开心的工作环境。这一点极其重要，一个没有士气的团队是没有战斗力的，同时也可能被组织淘汰掉。

管理者要对每一个小伙伴在工作中有明确的培养目标，让他们明白自己的发展方向和职业通道，时刻与他们保持良好的沟通，让他们明白什么时候要做到什么位置，自己的不足是什么，要怎样才能变得更好。

你的小伙伴在工作中会与其他部门发生关系，作为管理者，要帮助大家协调他们和其他团队之间的工作关系，提供正面的引导和帮助，让大家的工作变得更加顺畅。

流程与制度的执行

每一个组织都有自己的工作制度，每一个组织都有自己的工作流程和标准，这也是一个组织不可缺少的部分，我们要尊重制度，遵守规则，与组织和团队保持一致性，同时，让每一个团队成员知道红线是什么，哪些做了有好处等。这样才可以确保你的团队与整个组织保持一致性。同时，要及时强调制度的重要性，不然团队成员犯了错误，还不明白为什么以及怎么做。

任务管理

每一个团队都有任务和目标，那么，我们怎么带领团队执行领导分派的任务呢？首先是要制订任务的完成计划，与大家及时讨论和汇总最好的方式方法，做好时间节点的控制，实时分解任务，按照计划去执行，并且在过程中不断反思和改善，告诉每个团队成员正确的方法，指导他们完成任务，控制任务发展的进度。如果有小伙伴做不到，要提供解决方案，并帮助其改进方法，协助其快速达成目标，最后带领团队确保工作完美完成。

资源整合与利用

善于利用资源的团队都会得到更多的优势，因为资源可以帮助团队提高工作效率，节省工作时间。我们时常会问公司到底可以提供什么资源，自己有什么资源。这些资源包括客户资源、信息资源、技术和产品资源、数据资源、培训资源、费用资源等，我们要时刻保持敏感度，了解资源的可利用性，及时为团队发展协调可以利用的资源，让团队成员知晓，及时保存资源，让资源可以被再次利用。

职业素质培养

职业素质是一个优秀员工最好的外在表现，体现在每一个人的工作态度、职业形象、沟通表达、综合素质、学习能力等方面。作为管理者，要实时分析和了解每一个成员在职业素质上的不足，及时与他们分享优秀的职业案例，让大家明白，什么样的员工才是组织所赞赏的，什么样的职业标准才是组织所认可的，什么样的工作态度是必须具备的。同时要告诉大家组织的发展目标是什么、组织的愿景是什么、团队的价值观是什么，我们应该如何学习和掌握专业技能，然后在组织中找到自己的位置。另外，引导每一个成员形成正确的是非观、判断事物的方法、为人处事的原则等，这些也是团队价值观培养的重要组成部分。

职业素质是你拿七位数薪水的基础

曾经有一个同事，当我在开一个重要会议的时候突然问我一个问题："职业素质具体指什么呀？"我沉默了一下，然后回答他：

“现在我在开会，你在这里问我问题……”他沉默了一会，然后点点头，默默地走开了……

“职业素质”这个词我们经常看到，作为一名职场人，我们经常会遇到形形色色的人，有一些会带给我们不愉快，我们会认为对方没有职业素质，有一些会带给我们很好的体验，我们会觉得对方有很好的职业素质。好的职业素质是我们展现职场形象最重要的前提，在我们的职场进阶道路中，如何培养自己的职业素质呢？我思考了一下，大概有这么几点内容是要掌握的：

专业素养

作为一个职场人，不管是新人还是老职工，你都要具备足够专业的知识，只有这样你才可以在完全胜任你的工作的同时，让客户放心，让对方对你有足够的信任和尊重。如果你不够专业，经常犯错，且还不知道自己犯了错，错了还不认错，很多事情都做得有问题，那么别人就会认为你没有专业素养，所以专业素养是第一要素。

我经常分享一句话：敬业就会有事业，只有具备敬业的精神，才会迎来赞许的目光，才会被你的同事和老板所称赞。这体现在一些小事上，比如考勤，你来得早，走得晚，日日如此，就是敬业的表现；比如老板交代了任务，你一收到指令就开始执行，并且非常有责任心，那也是敬业的表现。

还有就是要保持合作的态度、谦卑的心态，不要时刻觉得你最强、你最厉害，要学会谦卑，要多听别人的建议，多和别人一起工作，多参与团队作战，这样你在组织中才会有自己的位置，同时被人家认为不可或缺，极其重要。

外在仪表

在职场中，穿着也是很重要的。我原来在外企见过穿着拖鞋上班的，也见过染一头金发的，这不是不可以，但要分场合，要讲究身份。如果你是一名普通员工，在外企或者很自由的互联网公司上班，公司允许，我觉得可以，但如果你是一个主管，要做好表率，你就不可以那么随意，因为还是有很多人会见衣识人，会认为你这样很轻浮、不讲究、不牢靠、不会管理自己，会对你缺乏信任感和安全感。

当然，外在仪表不能一概而论，还要分职业。在不同的场合，谈吐、举止、态度要合时宜。这里说的合时宜就是要让自己不要格格不入，要尊重规则，要让客户感觉舒服。当然，如果你在管理岗位上，最好还是选择简单大方的衣着，这样更安全。同时，要注意自己的一言一行，不要过于随意，因为你代表的可能是你的团队或者整个组织，尤其是面对外人时，更要适宜，因为不是每个人都知道你的公司文化、你的个人喜好，所以要倾向于向对方看齐，了解对方大概能接受怎样的风格。另外就是你的态度、你的沟通方式也很重要，在不同的场合，要展现自己不同的处事方式，要沉着冷静，学会理性分析，这是职场人应该具备的最基本的职业素质。

内在修养

我们都说价值观决定一切，你的信仰、你的爱好、你的人生观、你的价值观，很多时候会传递给别人。你对事情的判断、看法，以及评价都会给别人留下印象。你的道德水准和标准是评判你是不是一个具有职业素质的职场人的关键指数。比如你在看到部门内有不公平的事情时是不是敢于站出来，你在看到别人的错误时会如何指出来，你遇到身边的同事有困难，是否会帮助别人，这些都是你的价值观很重要的组成部分。

同时，你要完善你的知识结构，提升你的思维深度，这些也决定了你的内在修养。所以我们经常说职场人要多看书、多学习，不停进化自己，让自己变得更具学识，只有这样才可以增强自己的判断力、理解力和决断力。也只有具备更高阶的知识，才可以更好地处理棘手的事情。

还有就是要有一定的审美意识，善于发现美好的事情。现在是一个互联网的时代，大多数的产品越来越精细化，越来越美观，你要学会理解和欣赏。

工作成绩

你的能力匹配你的成绩，如果你的工作成绩永远超不过别人，你就要思考，你到底差在哪里；如果你的成绩能够一直领先，你就会收获更好的职业评价。

职商

职商，即职场的情商。要训练好自己的职商，首先要做好自我认知。自我认知之前分享过，关键就是要知道自己不知道什么，知道什么。在知识爆炸的当下，提升认知的方法有很多，学习、读书、跟导师学习都是很好的提升认知的途径。

另外是要提高自我情绪的控制能力。情绪的修炼首先是控制，其次是思考，再者是判断。在负面情绪爆发前，多想想后果，多想想为什么，多想想对方，而后再去做决定，再去做判断，再去表达和处理，即三思而后行。当然，在关键时候适当释放情绪也很重要。

同时，要有自我激励与目标管理能力，在遇到困境的时候能接受挑战，迎难而上；在遇到顺境的时候不骄傲，不自满，要自我平衡，更好地冲刺自己的高点，成为身边的人的榜样，同时做好价值的传递，让身边的人也和你一样优秀起来。

好的职商能让你在职场中游刃有余，不缺少同行者，获得帮助和支持，得到更多的职场机会，同时收获更多的职场人脉。

PART2

无畏成长

什么都可以变，进步不能变

我们的成长源于我们内心的热情，它在每一个交流的眼神里，在举手投足之间，甚至在呼吸之中自然流露出来，亦是我们因为执着向上，以及渴望成就所带来的独特气质。

一 唯有知识可以面对未来

唯有知识可以面对未来。1969年，彼得·德鲁克创造了“知识工作者”这个词汇。1988年，彼得·德鲁克写道：“（未来的）典型的商业将会是一个以知识为基础的包含大量专家网络的组织。这些专家通过从他们的同事、顾客和总部得到反馈来指导和提升他们的绩效。基于此，这将是我所说的以信息为基础的企业。”知识爆炸，人人都将是知识工作者；知识重塑个体——从感知到察觉自我；知识赋能个体——一种影响未来的潜能。

个体崛起的时代，如何让知识赋能？

知识赋能就是让你自带主角光环

大家都知道，近几年知识付费领域特别热，小灯塔也是这一领域的产品。不同于其他知识付费产品，我们的定位是互联网的职场学习社区，是一种陪伴式学习，也就是导师陪伴学员去成长的方式。

之所以提到小灯塔，并不是我要打广告，而是知识付费产品本身就是知识赋能的一种形式。小灯塔作为知识付费产品，已经陆续邀请了几百个导师到小灯塔里签约开塔讲课，比如树懒先生教授写作变现、Aida老师教你玩转朋友圈、鉴锋跟大家分享最新的小程序打法、清滢滢带你实操裂变涨粉等。

众多领域一线专业导师能够开课教学，也是赶上了今天这个个体崛起的时代，知识能够变现，更容易变现，这就是知识成功赋能的典型案例。知识赋能就跟个人的成功一样，会有很多方式。用知识运营新媒体公众号写出阅读量超过10万次的文章是一种，用知识策划出世界杯洗脑广告也是一种。所以，知识赋能就是你在职场中成长的过程，是你生产自己这个产品的过程，是你连接社群粉丝的过程，是你塑造个人品牌的过程，更是你用知识来掌控职场、掌控人生的过程。在这个个体崛起的时代，你准备好让知识赋能了吗？

如何让知识赋能？我们还需要了解到底什么是知识，这是很有深度的话题。

知识是看得见的飞机，你打中过吗

大家可能都认为，知识是看不见、摸不到的，然而，知识在你的职场里是无处不在的。举几个例子方便大家理解，如果你是销售员，那么知识就在你接触的客户中产生；如果你是产品经理，那么知识就在你熟悉的产品体系中，在你参与的各种流程中产生。

对所有人而言，知识也存在于我们的社会关系网络中，在我们对待身边的人，以及对事物的了解中产生。职场人的绝大多数知识来自工作，职场知识的获取占据了我们大部分的时间，职场知识也将陪伴我们一生，成为我们很重要的个人知识财富。可以说，知识就像我们周围的空气一样，我们对它早已经习以为常了。

接着来看知识是由什么构成的。我用一条公式来回答，它就是“信息+经验+行动=知识”。

第一，知识是可以操作的信息，是让你采取有效行动的指导手册

知识是可以放在某一个背景下，被第三方有公信力的人所验证的信息。比如你在使用百度时用到的百度搜索技术，这种搜索技术本身就是知识。比如你小学、初中、高中时在学校里用到的各学科课本；你入职一家新公司时，行政人员给你看的一堆公司规章制度；你在考驾照科目一前需要去背的交通法规。课本、规章制度、交通法规，它们都是可操作的信息，同时又指导着你的行动，它们都是知识。

第二，知识来源于我们对事物的认知和理解

知识来源于我们学到并且记忆到脑海里面的东西。在我们获取知识的过程中，需要我们保持明确的认知和理解。

举个例子，腾讯的产品经理吸收到一些社交产品知识，并用这些产品知识去指导微信的迭代，这些迭代在市场检验后被证明是“正优化的”，是成功的。再比如世界杯时，你会看到有人在朋友圈总结出一条所谓的“真理”：“足球反买，别墅靠海。”当然，这里说的“真理”是带引号的，相信各位也懂得去分辨。前者是带着明确的认知和理解，可沉淀为知识；后者不具有普世价值，就不能称之为知识。

第三，知识的构成包含专业人士的深刻洞察力

洞察力是指人通过表面现象精确判断出背后本质的能力。从已定型的经验判断出背景信息的背后本质，我们称为“深刻的洞察力”。这种洞察力是评估知识的一种框架，是合成新的经验和信息的根本。

近几年在互联网上很流行的书，如《认知盈余：自由时间的力量》是洞见了人们在空余时间，集体无意识地产生了可加利用的知识；《疯传：让你的产品、思想、行为像病毒一样入侵》是洞见了世界上洗脑的产品、思想、行为，它们在如病毒般传播时所共有的规则；《失控：全人类的最终命运和结局》则从蜂群的行为开始，研究了众多个体无意识与群体有意识之间，所蕴藏着的社会行为，很好地从生物学角度解释了协作、共生、双赢、网络社区、云计算、虚拟现实等我们只是看懂了字面意思，却不知其所代表的本质是什么的名词。

另外，就人类获取与使用知识的方式来说，我们可以把人类的知识分为四个等级，分别是数据、信息、知识、智慧。

知识变现，你有三条路

知识赋能，这里的“赋”字，可以理解为放大你个人知识变现的可能性。具体来说，赋的就是以下三个方面：

（1）技能：根据规则行事的能力。

（2）诀窍：我们解决复杂问题和审时度势的能力。

（3）专业能力：在“诀窍+技能”的基础之上，能有创新的解决方法，懂得影响结果的规则，甚至新建规则去影响结果。

下面我将仔细进行分析。

技能

技能通常指我们在某一个岗位的任职资格要求，包括运用工具的能力、操作和执行能力等。我们来一起看看京东UI设计师的招聘要求：

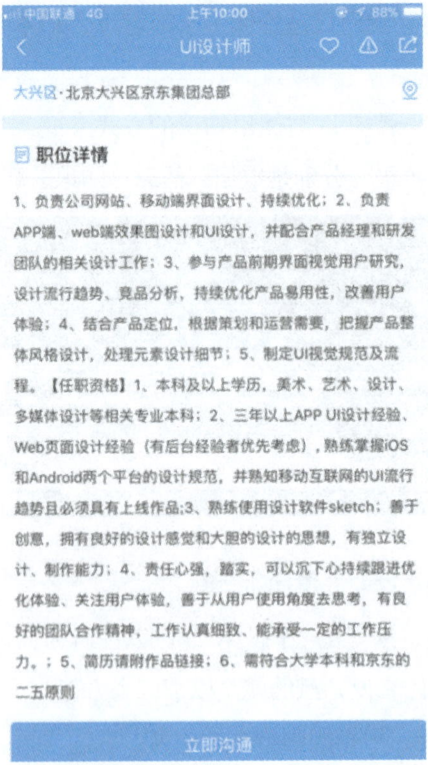

（1）要会用工具。

（2）要掌握规范。

（3）职业素质要求。

（4）创新思考能力。

而放在知识付费领域的技能呢？这里说白了就是把自身的某一技能放大，让自己成为这一技能领域前10%，甚至前1%的人。我用具体的例子来说明：小灯塔最近开了一个新塔，是由院长主讲的课程“高效有趣学Excel”，院长在开课前就不断地发布Excel学习的专业文章，总阅读量也超过了500万次，一度只用了8个月的时间就收获了20万个想学习Excel的粉丝。院长就是用专项技能Excel来进行知识赋能，进行知识变现的人。其他比如你的摄影玩得很好，渐渐地在圈子里玩出了名气，网络上不少人都在膜拜你的摄影作品，那你就可以开设摄影课。还有像如何做出高质量的PPT、如何成为PS“大神”、如何做时间管理等，这些都是以提升技能为主的知识赋能、知识变现的例子。

这是你的方向吗？如果你回答是的，那下面介绍几个让你技能升级的方法：

（1）多练习。所有的技能沉淀都是在实际运用中产生的，只有多加练习才能提升你的熟练度和水平。假如你是设计师，你就要问问自己每天有没有练习设计作品，练习了多少次。熟能生巧很多人都知道，但不是每一个人都可以做到。

（2）多学习。向团队和身边的高手请教，知道什么样的产品用户更喜欢，什么样的成果标准更好，了解标准极其重要。同样是设计师，为什么你的作品总被毙掉，你的同事或者领导的作品却被选上。你要问自己到底知道不知道什么是好的标准，你的客户或者老板为什么更喜欢那样的成果？多以第三者的身份看同岗位优秀人才的产出是怎么样的，多向高手讨教，然后融会贯通，学以致用。

（3）多检验。任何一个技能产生的成功都是可以被检验的，或者说好的成果都是可以被验证的。经常去问你的领导，或者去第三方平台获得验证，知道自己的实力水平。

（4）多优化。不断调整自己的技能，多思考怎样才能满足更高标准的要求。比如你是设计师，你就要让自己通过练习，通过了解高分作品的标准，让自己不断向优秀靠拢，这样才可以逐渐实现技能水平的提高。

诀窍

诀窍通常指更好地做事情的方法。当然，诀窍并不是捷径和投机取巧，而是方法论，把事情做得更漂亮的方法论。

举个例子，我们上班，从A点到达B点，过去通常要花一个小时，交通工具是地铁，那么今天你要思考一下，第一，如何优化、节省时间呢？你可以提前去了解路径的规划，查询相关的地图或者交通线路，选择一条最快的路径，通过数据分析和实验，你发现提前换站，而且换一条路线可以节约20%的时间。

第二，你要改变成本，你通过研究和对比发现，坐快车可能更节约成本，而时间上又没有差别 ，最后你用拼车的形式解决了时间和成本的问题，达到了出行的优化。

第三，就是质量保证。你不能因为时间和成本而忽视了体验，结果你发现其实通过时间和成本的改良，体验可能更好，因为专车比地铁更舒适。

其实工作也是如此，无非就是时间和成本的问题。如何在有效的时间内比别人做出更好的成绩，且成本是低的，你要不断去思考路径：你的时间是不是最快的；你要不断去做统计对比分析：你的成本是不是最低的；你要不断去验证：你的质量是不是最好的，最后慢慢提高自己的效率，找到做这件事的诀窍。这一切都来自“思考—实验—总结—测试”的循环。

诀窍的关键还有执行力。

诀窍放在知识付费领域，有爆汁裂变创始人清滢滢开设的90天裂变涨粉实操营。涨粉的方式方法有很多，在运营的领域里这些方式方法都不是什么秘密，而清滢滢与其他人的不同之处在于，她以自己的实操经验，为学员提供了一整套已经验证了的工具和套路，做到让每个学员日均涨粉1000个，这里的工具与套路就是清滢滢的诀窍，一样可以用来开设知识付费课程。

我再多举一个例子，就是教你搜索术的朱丹。身为互联网工作者，百度肯定没少用，但是朱丹不同于别人的是，她通过一些自己发现的诀窍，做到了只要是曾经出现在互联网上的信息，她都能找得到。你别不信，用这套搜索诀窍，朱丹在在行平台教育学习类综合排名第一，这就足以说明这套诀窍是有用的。

专业能力

这里说的专业能力，与我们以往理解的略有不同，以下我通过两个例子来说明。

第一个例子是树懒先生，他在我们小灯塔里开了“零基础写作赚钱课”。要知道现在我们国内做文员的收入并不高，很多人就算学会了写作，也不知道如何去变现。树懒先生在教写作的基础上提供了一套新的写作变现方法，这对于写作的人来说是一套新的解决方案，结果他的课在我们平台十分受欢迎。

第二个例子和短视频有关，近几年短视频特别火，但是绝大多数的短视频制作者只赚了人气，并没能变现。如果你经常玩微博，就可能会注意到一名叫徐好玩的人，他自制的短视频栏目《笑不出来》《毒舌来了》在很短的时间内就收获了500万个订阅，1.5亿次播放。徐好玩还开了一门知识付费的课程叫“短视频变现套路全解析”，就是针对短视频领域变现难、路子少的痛点，给出一套变现方案。

基于知识赋能的专业能力，更多还指你拥有创新的解决方案能力、从优秀到卓越的能力，即能够迅速地突破常规，找到一条新的路径。

那么，如何训练我们在某个专业上的创新能力呢？

第一，观察力。

要善于观察事物的本质，看到事物的规则，从而去循序渐进找到突破点。

第二，好奇心。

要对所有与你相关的事情的新方法、新理论、新成果感兴趣，不要故步自封，做井底之蛙，要多见识新的路径、新的解决方案、新的产出，以此来启发自己。

第三，思维能力。

要学会逆向思维，从另外的角度思考问题；要学会用户思维，从为用户服务和更好的体验的角度思考问题；要学会产品思维，相信可以做得更好，可以创造令人惊讶的新产品、新方法、新服务。

知道如何让知识赋能，你就真正掌控了知识，让知识为你的职场、人生加持。

二 面对枝繁叶茂的杂事，你需要极简思维

先从工作、态度、睡觉、购物这四件常见的小事讲起。

你可能会问，这一节不是讲职场杂事吗？我确实不打算讲职场杂事，因为所有职场杂事，其实出自同一源头。能解决杂事的是方法论，能从源头上解决杂事的是思维。

至于源头是什么，先不揭晓。

工作无非分两种

如果我们把工作按照繁忙程度来分，它可以分为如下两种。一种是有空闲时间的工作、稳定的工作，它不需要你从白天忙到晚上，“一杯茶、一包烟、一张报纸看一天”，轻轻松松，一天就过去了。

而另一种工作，它的代表之一可以是经常废寝忘食的项目经理，也可以是整天焦头烂额的社群运营，还可以是疲于奔命、风尘仆仆的业务员，等等。我把此类工作称为“有着枝繁叶茂杂事”的工作，当然，选择这些工作的人，希望你是属于对自己的未来有期许、不想混日子的人。

我们从做事的角度说，前者可能是“铁饭碗”，事少不说，工作失误100次都不会失业。而后者不仅仅只是事多且乱，而且就宽容度而言，哪怕前面做好了100件事，只要在第101件事上犯错了，就有可能被老板开除。

对，小心谨慎就是今天以残酷著称的职场的常态。你是不是也有同感呢?

态度无非分两种

在残酷的职场上，我们往往每天手上事情一堆，工作背负着岗位的KPI，背负着上司的期望，日常还要积极参与同事间的协作，大会小会不断，大事小事不断，应接不暇。三五十年后，除了极少数优秀的人找对了方法，能脱颖而出的以外，我们中的大多数人，别说每件事都能做好，只要不出错就不得了了。

此时此刻，可能在你身边，就有些所谓的老员工会说，人在职场别先想着做好什么事，只要不犯错，未来就能升职加薪。你看《孙子兵法》不就表达了如此观点：别去求胜，用等待作为自己最重要的战略，等到对手犯错了，自己自然也就有机会升上去了。这样的观点你会认同吗?

《孙子兵法》所说的战略思维固然没错，不过《孙子兵法》也说过：胜，我们不可去强求，但自己首先要练好兵，让自己处于不败之地。这也是一些老员工所忽视的。

因此，对待工作的态度，无非也分为两种：一种是不求有功但求无过，另一种是认真工作，努力成长。

睡觉无非分两种

在每个月的新人培训会上，新人总要先进行自我介绍。现在入职的90后都比较率真，在被问到自己的喜好时，其中一部分人不变的答案就是睡觉，有的说每天睡14个小时都不够，有的说周末就喜欢一个人待在床上，不到下午四五点都不会起床。你是不是也有这样的同事在身边呢?

对于睡觉这件事，在我看来也是无非分两种。一种是真的睡觉，每天晚上好好地休息，以便第二天能精力充沛，好好地工作，这种人能积极主动地面对现实。

另一种是对现实的逃避。白天的工作不管繁重与否，总会感觉并不是自己喜欢的，总感觉工作并不是自己能掌控的。举个例子来说明，与上司、同事在对待同一项工作时，他们往往有自己的看法但不敢表达出来，或者表达出来了也无济于事，因为依旧还是会被迫按照别人的想法去完成工作，久而久之，他们就不断陷入或工作、或生活的失控状态，睡觉就成了每天能做自我、掌控自我的唯一选择。

购物无非分两种

随着近些年互联网金融的发展，“网贷”这个词你一定不会陌生，特别是生活在充满着各种诱惑的一二线城市，用信用卡生活，用“网贷”分期购物并不少见。超前的消费虽然短暂满足了物欲，但也极容易让自己的生活、工作都陷入失控。“网贷”的利息高，可为什么有很多人还要这样去做呢?

在我看来，购物行为也无非分两种。一种是刚需的，懂得考虑自己真实的收入水平而作出消费决定。另一种是因为工作不顺、发展不顺，每天焦虑的人，美其名曰为了燃烧焦虑而“买买买”，实际上是通过购物来缓解一时的焦虑，结果往往在焦虑中出不来。

工作环境的选择会影响个人成长，对待工作的态度加剧了职场发展的分化。习得好思维、找到好方法，能让工作结出硕果，否则就陷入工作的失控当中。失控带来焦虑，焦虑又有可能让你的生活进一步深陷在失控中……

如果不巧，你也在这种失控状态中，那请问，你受够了吗？

掌控工作的配方

我们现在知道了，你对工作的选择、你在职场上的工作态度，影响着你的睡眠，甚至还决定着你的生活水平。

面对失控，有解决方法吗？答案是有的，那就是要掌控工作，工作就要有成果。为什么这么说呢？工作成果可是关系到你在职场发展的一切，能不能过试用期，有没有足够的成绩作为升职加薪的依据，连当领导时气场是否强大也跟你的成果有关。

而且诸多的杂事，如你以前做错的工作、遗下没有去做的工作，在工作成果面前都会变得不重要。公司老板请人，请的也不是你的能力，你能力高一点、低一些都无所谓，只要给到他想要的工作成果就可以了，老板最关心的事，就是你的工作有没有成果。工作做出了成果，工作就真正被你掌控了。

那么，工作如何出成果呢？我给你的配方是：“两种思维+一条成果公式”。

第一种思维：以终为始

这种思维又可称为“终局思维”。以终为始是一种思考人生的方式，是一种遇事之后持有的态度和处理的方法。工作时先问问自己想要什么结果，在脑海中画出最终结果的蓝图，想想为了得到这个结果必须做些什么，也许会有更好的结果。

这种思维埃隆马斯克也在使用，他说，如果你想造一艘船，不要召集大家搜集木头，不要给他们分配任务，而是先教会他们对浩瀚海洋心生憧憬。在他身上，我感受到了这种思维的强大力量。特斯拉电动车、已实现14次回收的发射火箭都在佐证这种思维的强大力量。

第二种思维：职场人的初心思维

这也是我在HR领域十几年来，一直都在用的。它是如下五个问题：

（1）我是谁？

（2）我贡献了什么？

（3）我的价值在哪？

（4）我的特色是什么？

（5）我的工作成绩是什么？

我把它们称为“职场人的初心思维”。

在职场中，我见证过千百人的离职，在问他们“你为什么离职”时，得到的理由都差不多，很少人会想到一点，那就是所有的事情不要等到最后再去找理由，一开始就要找方法。职场人的初心思维，就是一种让你在职场、在一份工作之初，去思考自己的价值，去寻找方法的思维。

枝繁叶茂的职场杂事，人生失控，有很大原因是像迷宫里被乱撞的弹珠，出发后就忘记了初始点，撞到哪里都是一样，没有终局思维，也就不知道自己该去哪里。如果目标是清晰的，在路上走慢了，甚至还走错过路，又有什么关系呢？

一条成果公式

我的这条公式就是：时间×效率×有用性=成果。

投入足够的时间，不断提升效率，职场上的事我们大概都能做成；而有用性是确保你所做事情跟公司战略、跟你的岗位KPI、跟你的上司的期望是一致的。

工作要出大成果，需要我们走极端。我先举一个走极端的例子，因为这条公式我在后面还会进一步拆解说明。

记得以前在D公司的时候，我有个工作上的爱好，就是研究报表。每每遇到部门有要做的报表时，大家总喜欢将报表给我，我也乐此不疲，久而久之，我几乎兼做了数据统计员的活。

大家知道，做报表是件很费时间的事情，CTRL+C，CTRL+V，外加一堆的加减乘除和各种透视表；做报表也是件很费神的事情，不容许出错，一个都不可以，所以往往做完了就要一个一个核对，如果加错了，又要一个一个查找。总之，慢慢地我成了我们部门最后一个下班的人，慢慢地我成了公司最后一个下班的人。后来看报表的能力在职场上对我帮助极大。

而这里在公司最后一个下班，就是我个人走极端的例子。

“两种思维+一条成果公式”，就是我带给各位面对职场、面对人生的极简思维。

三 陪你升级最重要的是软实力赋能

你认为职场中最重要的软实力是什么？同样的问题，我也问了身边几位同事，都没有统一的答案。

为什么没有统一的答案呢？我的理解是，软实力是职场人的综合能力，而且不同的人，面对不同的工作，所运用的软实力也是不一样的，所以每一个人的答案不同也是正常的。但这并不代表最重要的软实力不能讲清楚。

职场人的大事

记得刚入职场时，恰逢年初，老板就问我："你今年的四大目标是什么？"我问什么是四大目标，他解释道："就是你今年为自己设定的四个方面的目标。"

这四个方面的目标分别是：

（1）你今年的工作目标是什么？

比如你的工作要出什么成果？业绩要做成什么样子？

（2）你今年的个人发展目标是什么？

比如你的职位升迁如何？你今年的收入目标是多少？

（3）你今年的家庭目标是什么？

比如你打算领着爸妈去哪儿旅游？你想为你的爱人做哪些具体的事？

（4）你今年的社交目标是什么？

比如你想结交哪些领域的专家？在原来的关系中，你想跟谁加深联系成为朋友？

也许你也感觉到了，个人发展目标、家庭目标的实现，几乎就是以工作目标的实现为基础的，而社交目标与其他三个又有着相辅相成的关系。

那么问题来了，我们如何去实现这些目标呢？你打算怎么做呢？

职场人的小事

职场人的年度目标，肯定就是每一位职场人的大事。你的年度目标要实现，工作就要不断出成果，你的工作能出成果，则需要你有相应的能力，包括你的专业能力和软实力。为了获得能力，我们主要的方式就是学习。学习就是每个职场人每天必做的小事了。

我们就拿这件小事来列一个清单。举个例子：一个内容运营要想在互联网领域有更好的发展，需要具备哪些能力？这里我们一一列举一下，它们包括专业能力中的项目管理能力、营销策划能力、文案写作能力、内容编排能力、用户分析能力。

还需要很多软实力，比如演讲输出能力、协作处理能力、人际沟通能力、阅读输入能力、时间管理能力、压力调节能力等。

这么多东西，你肯定不会一项一项学习，肯定也不会每一项都能精通。可是我们的目标需要实现，我们的时间有限，怎么办呢？

跟你分享一个我在读EMBA时听到的案例——一位CEO的大事和小事。

高段位人的大事

相信很多朋友都用过或听过宏碁电脑吧，我要讲的就是宏碁的CEO陈俊圣。2013年底，陈俊圣出任宏碁CEO，宏碁是一家有着40年历史的台湾老牌科技公司。

陈俊圣跟所有临危受命的职业经理人一样，他面对着非常糟糕的现状，那就是宏碁已经连续3年出现巨大的亏损，在他之前的一些董事长、CEO都接连辞职，他已经是第四位CEO。面对众多竞争对手的打击，宏碁内部员工士气更是不断跌落。

如果你是宏碁CEO，面对宏碁全球失控的局面，你有什么办法吗？顺便说一下，当时宏碁在全球167个国家都建立了分公司。

陈俊圣用了1年多的时间，通过做对三件大事，向宏碁交出了一份不错的成绩单。2014年宏碁实现全年3.54亿元盈利，终于扭转了此前连续3年每年亏损几十亿元的局面。更重要的是，陈俊圣通过努力，营造了公司总体向上发展的势头，公司内部的员工士气又高涨了。

那么，陈俊圣做了哪三件正确的事呢？我们来看看：

第一件事，他为公司打造出了团队的信念。陈俊圣说：“就像红军长征过草地，必须要有一个信念，大家同生共死，不怕危险，这是借鉴了《孙子兵法》中的道。”

第二件事，他逐一分析了公司所处的外部环境，具体来说就是：“公司现在还握有什么样的优势，面临什么样的劣势；敌人就在墙头外面了，队伍应该怎么做，怎样做才能让员工更有信心地去面对敌人。”

第三件事，他逐一排查分析公司的内部情况，了解自己的优点和缺点，保持在非常平衡的状况下发展，让团队有向心力地运转。

听到这里，你可能还听不懂，陈俊圣他到底具体做了什么工作，没关系，我刚进入职场时也看不懂，我们继续看看他是如何去执行的。

陈俊圣的具体做法就是：在这1年多的时间内，去全世界160多个国家出差。而每次出差都只做七件小事，分别是：

（1）了解出差地的业务。

（2）与当地员工沟通。

（3）和大客户吃饭。

（4）会见各路记者。

（5）看看售后服务中心。

（6）到一线店面与店员谈话，了解产品的销售情况，甚至在现场指导销售人员卖电脑。

（7）与骨干员工吃饭。

对，就是通过这七件很普通的小事，陈俊圣就把失控的一切扭转了过来。

高段位人的小事

说完大事，我们来说说CEO的小事。也许你注意到了，陈俊圣每次出差做的七件事中，大多是与人沟通和与骨干员工吃饭，你可能会说，那不是很自然就会发生的事吗，值得一提吗?

与骨干员工吃饭看似是小事，但在CEO工作中，每餐饭都是工作。其实，不仅仅CEO，只要是职场人，跟同事、跟上司及下属吃饭，都是工作。同时，“吃饭”也是一门大的学问，甚至可以说饭吃不好，普通员工也好，CEO也好，再大的工作，也会推行不下去。

为什么这么说呢？我们来看看陈俊圣他是怎样跟员工吃饭的。

（1）吃饭的任务是联系感情，接收员工信息。陈俊圣不像一些有领导架子的人，总是喜欢自说自话，滔滔不绝地吹牛，而是认真地听听员工说话，听他们的心声。在公司里自己虽然是主人，员工要听自己的，但到了饭桌上，就要尽可能把自己当作客人，让员工多讲多说，让员工滔滔不绝、打开心扉。

所以出差时如何安排吃饭，安排谁一起吃，座位怎么坐，就是一门大学问。这个学问，就像HR面试一样，见的人多了，面试的判断能力就随之提升。

（2）吃饭，要“吃”两种东西，一种是饭菜本身，另一种是员工的话。员工的话需要听出五层意思，这里先说前三层：第一层是你所理解的员工的话，第二层是员工自己说出来的话，第三层是员工想说又不敢说的话。这三层意思是不一样的，我用在星巴克喝咖啡来举个例子，它们可以分别代表星巴克店里你能闻到的浓浓咖啡香、你所看到的星马克杯子里装着的咖啡，还有当你喝到嘴里，所品尝到的咖啡的甜与苦。闻到的咖啡、看到的咖啡、喝到的咖啡，都要去细细品味并且记住。

（3）人和人谈话时，必然传递两个层面的信息：事实和情绪。这里的事实与情绪就是上文所说的你需要听出五层意思里的后两层。这后两层，我们要去辨析，员工传递的客观事实信息是什么、传递的主观情绪信息又是什么。他说的客观事实要尊重，是谬误的就要驳回，如果当时你分辨不了，饭后一定要去求证；他的主观情绪则要共情，而垃圾情绪你自己要化解。

关于情绪，还有一个点要注意。有句话叫：“人在江湖，身不由己。”中国是个人情社会，你一定也有过这样的时候，比如遇到一些职场兄弟、朋友带着情绪来要求你去做什么，或者不做什么。这时，你就要分辨出对方的真实意图，是对方在说感受呢，还是对方用这份感受来挟持作为朋友的你。

吃完饭了，要把听到的话，特别是对业务有帮助的话，都一一记下来。很多时候你带着问题去吃饭，他们在吃饭时说的话，可能就是解决方案了。

藏在职场大小事之中的真相

你身在职场，每天努力工作，设定目标，分解问题，高效执行，结果复盘，周而复始。

你晚上挑灯，偷偷用功，苦学知识，点亮每一项技能。

在失败面前自我安慰，在小有成绩时提醒自己不要骄傲。

然后，你的职位慢慢得到升迁，你可以管理更多的人，掌控更重要的事。

面对大目标，你可能一时不够条件，但也可以通过资源的转接、人员的互补，达到目标。

你不断挑战自我，不断刷新纪录，也不断收获掌声、鲜花。

有一天，你说你决定创业了，在融资时投资人问了你三个问题后，你融资成功了。

讲到这里，可能你已经意识到了：你所有的工作能做好、能做成的关键，就是跟宏碁的CEO陈俊圣一样，把小事做好，把每一餐饭都吃好，同时相信你也意识到，职场中最重要的软实力是什么了吧？

职场最重要的软实力

身在职场，有了硬实力，只能说你有了做出工作成果的能力，具备做大事的条件。而有了今天所说的吃饭能力，当然这里说的吃饭能力就是关于沟通和探寻的软实力，你才能真正将自己所学以及团队所有人的技能正常发挥出来，进而你才能掌控工作成果，使工作能如期有效完成，最终你的年度目标才能达成。

这也回答了我开头提的问题：你认为职场中最重要的软实力是什么。

我们今天所说的沟通，是从认知思维层面来认识。你可能会问，有没有好的提升沟通能力的方法？我的回答是，沟通、吃饭就跟学游泳一样，看书、学理论是学不来的，必须要在水里泡。有关沟通的速成方法并不是说没有效，只是当你实际运用它时，很多时候会因一时的情商不足而说错话。

四 遇上“猪队友”，如何避免被他们拖垮

近朱者赤，近墨者黑，如果你想要建立和收获高质量的人际关系，那就得先搞清楚不要与什么样的人建立关系。

先简单了解下“猪队友”这个词，我记得最早出现于网络游戏，一句“不怕神一样的对手，就怕猪一样的队友”，朗朗上口，经常被人挂在嘴边，经过长年网络的发酵，已不单单指代那些行为

蠢、思维笨的人。今天的职场，凡是在工作中经常拍脑袋、捅娄子、做事没谱的人，都很容易被人称为“猪队友”。

“猪队友”与你，谁更可怕

公司的小伙伴都知道我每天中午会打打《王者荣耀》。《王者荣耀》这个游戏跟电脑上的《英雄联盟》是同类型的游戏。10人匹配“开黑”，5人一队分为2个阵营来互相对抗，谁先推完对方的塔就算取胜。

游戏里有两个角色叫ADC与辅助，ADC作为团队5个人中最能持续输出伤害的角色，也能经常拿到“五杀”。因为ADC在队伍中的持续输出能力太强了，出于角色平衡的考虑，游戏设计师把ADC设计为生命值最低、生存能力最弱的角色，就是最容易被对手干掉的角色。

在游戏中你可能也经常遇到这种情况，辅助为了保证游戏视野去“插眼”，会短暂地离开ADC一会。“插眼”你可以理解为有眼的地方，对手就不容易埋伏你、暗算你。而就在这短暂的几秒钟里，ADC的一次无心之失，出现了一次错误的走位，结果不单他自己被杀，还连累回来救他的无辜辅助也被杀。然后辅助破口大骂：“没见过你这样走位的，到底会不会的，是小学生就赶快回去上学。”而走错位的ADC可能也是年轻气盛吧，跟他对骂了起来：“我刚刚在对着两个人时，你干吗去了？”结果这场比赛在他俩的强烈对骂中结束了。

玩游戏时，ADC与辅助有朋友间组队的，也有网络上临时组队的，但不管是哪一种，毕竟都不是专业打电竞，特别是网络组队的情况，默契肯定就没那么好，游戏成绩完全看个人能力，因此在两个角色的合作过程中，就特别容易发生各种事故。如果其中一方说的是正向的鼓励、善意的提醒倒还好，但是现实中往往会发生相互吐槽的情况，一方的一次无意的操作失误，就会引来另一方的谩骂指责，一方按捺不住跟另一方互撕起来，结果就可想而知了。我还见过两个互撕的人，就在游戏中挂机或者直接退出不玩了。

如果说一次无意操作失误是“猪队友”行为，那么因为这种“猪队友”行为而引起的谩骂指责行为，其实没有帮助团队取胜，最坏的情况是从谩骂那一刻起，这场比赛就已经提早告败了。人无完人，伟人和大师都会有犯错的时候，既然你我都是平凡人，那就别指望身边的同事、上司、下属是都完美的。“猪队友”的存在本身并不可怕，可怕的是你居然“认真”了，当然，这个“认真”是带引号的。在职场上面对“猪队友”般的行为时，处理上稍有不当，就会反过来引火烧身，坑爹的“猪队友”的失误可能只会拖垮你一时，但是你不明智的行为，却很可能拖垮整个团队。“猪队友”与你，谁才是真正的“猪队友”？你们谁更可怕？

你最不应该用的词

我呢，肯定是不会教你怎么对“猪队友”使坏的，落井下石、幸灾乐祸等卑鄙手段我都坚决反对。对于成熟的职场人来说，“猪队友”这个词从来都不应该出现。

面对队友偶然的失误，不要谩骂指责，要明白你们的游戏目标是携手完成任务。

面对每天跟你一起工作8小时的同事，哪怕他经常帮倒忙，言谈举止看起来也像“猪队友”，你不要埋怨他，不要跟上司抱怨他，哪怕上司多少露出点意思，也不要去评价他，需要沟通时你可以描述事项本身。

面对毫无担当，不干活还逢功必抢，有锅甩给你的上司，或者遇上了喜欢怼你、反复折磨你的同事，哪怕你已经离职了也不要吐槽，特别是不要在朋友圈、微信群里吐槽，一次吐槽可能就会令你失去圈子里新的工作机会，也影响业内风评。

如果你已经在领导位子上，面对凡事慢半拍的下属，只有两种策略：要么细心教导他、激励他，让他进步并摆脱困境；要么名正言顺地放弃他。不要谩骂推锅，那样只会让你成为团队里的共同敌人，迅速失去威信。

任何负面的评价，在倾听者心里留下的印象都会指向讲述者，也就是说，当你背着别人指指点点时，倾听者内心都会留下一定的印象，久而久之，这种评价的印象会转移到你身上，正面评价投射好的印象，负面评价则投射坏的印象。

你需要敬而远之的三类人

如果你已经当上了领导，自然在团队组建时会严格把关。但如果你初入职场，则应留意身边是否有以下说到的三类人，因为他们不单自己会闯祸，分分钟还会让团队被团灭，现在网络上流行的一个词叫“歪楼”，就有点这个意思。你好好地用一张自拍照发朋友圈，然后有个人带偏了，给你留了嘲讽的文字，结果后面的评论都是嘲讽的，这就叫“歪楼”。

好，下面我们一起来识别这些能“歪楼”的队友，看看他们有怎么样的行为模式。

第一类是工作不专业的人

这类人有时并不好识别，表面上他往往工作很认真，态度非常好，遇事也能积极跟你沟通，甚至会花几个小时跟你讨论问题。但是一旦你观察细致些就会发现，他们只会提出问题，从来没有解决问题，还常常抱怨问题为什么没有得到解决，日复一日地抱怨。

工作是否专业，在我看来是能否解决问题。人力资源行业的老领导就经常这样说："公司请人来干吗？请人来是解决问题而不是制造问题。如果某个人解决不了问题，那他本人就可能成为一个问题。你能解决多大的问题，你就坐多高的位子；你能解决多少问题，你就能拿多少薪水。让解决问题的人高升，让制造问题的人让位，让抱怨问题的人下课。"

第二类是负能量满满的人

第二类人的特点是以自我为中心，老是觉得全世界都欠他的，低自尊、低评价，对看到、听到、遇到的任何事情，都会表达出满满的负能量。

比如他会这样说："你刚刚说的方案我都认同，但里面有些条件我们目前还没达到，这个方案真的能做吗？还是别做了，风险好大呀。"

或者他会这样说："你这个思路非常好，但是第五点与第六点我觉得做不做都没有关系，因为做了也不会有什么区别，还不如不做呢。"

他还会这样说："公司战略是好的，但是老板什么都不会，现在都是互联网时代了，还在走20世纪90年代的老路，真的看不到希望。"

在一些小组讨论或公司会议上，如果先让他发言，他只会宣泄情绪，整个讨论都会被他带偏，使会议无法开下去。

第三类是轻率不认真的人

第一类人只会发现问题，但不会解决问题，第二类人只会就问题抛出满满的负能量，这两类人在职场中还算是数量少的。现在要说的第三类人则是今天职场上无处不在的人：抱着混日子态度的人、工作不设目标得过且过的人、追求准点上下班循规蹈矩的人、态度傲慢没把工作放心上的人，这些人可以归为在工作中轻率不认真的人。

在阅读本书的各位，我相信你们一定是对自己的未来有期许的人，如果你身边现在就有"歪楼"的队友在，那么我的建议就是先沟通，沟通不了的，就尽可能避开。如果身为领导者，要懂得运用激励的手段，实在不行就适时请他们离开。职场中良好的人际关系是开展工作的前提，清理掉不良的关系，你的人际关系才能称得上是良性的。

归根到底是什么原因

同家企业里不同层次的人，他们的思考维度是不一样的，这就形成了思维错位。上级讲话下级理解偏误，下级汇报上级听不太懂也是思维错位造成的。

有句话就正好道出根本原因：“砍掉高层的手脚、中层的屁股、基层的脑袋。”这句话很好地反映出各层级的思维方式：

战略高层想的是做到什么样子；

执行中层想的是如何尽快做好做完；

基层员工想的是需要我做什么。

这里思维错位的意思并不是高层面对问题就会想我怎么把问题尽快解决掉，中层想着需要我现在马上做什么，基层的员工好高骛远地讨论着战略的对错，而是你需要懂得分辨问题的本质，再动用不同层级的思维去解决问题。这点极其重要。

我用前阵子身边发生的一个故事来说明：

A公司的领导希望公司业务部门在3天内能够有较大的提升，于是分别跟2个小组制定了业务目标，针对一些特别客户给了一些促销激励，也给了团队奖励措施。2个小组的组长收到消息后都很兴奋，士气也很高昂，承诺一定打好这场仗。

甲组组长接到任务后，立马召集团队进行客户分析，讨论这次促销方案针对的客户群体，分析促销政策的优劣和市场竞争情况、方案的使用方法和实施步骤，目标就是确保完成任务，大家都拿到奖金。大家达成一致后，商量于第二天准备好所有促销礼品和物品，确保第三天逐步启动，启动的步骤是准备好销售物料，梳理客户讲话和制订客户公关计划，然后由小组内的10名成员分别实施，先完成的帮助没有完成的完成，确保团队整体完成。大家听了都很开心，第二天开始，各自用制定的方法和策略执行任务，效果很好，不到3天团队就完成了任务，大家都拿到了奖金。

乙组组长接到任务后把任务派给了组员，安排大家各自开始找客户，开始实施。乙组的销售小王回来后很是兴奋，直接把促销信息发给自己的客户，但他疏忽了本次促销只是针对部分客户，于是有的老客户就不满了，开始跟经理投诉为什么他们没有这个优惠。小李回来之后也把这个消息告诉了自己所有的目标促销客户，客户听了都很高兴，但小李突然发现促销礼品还没有准备好，而客户又急着买，本来是一件好事，结果客户开始有了意见，团队其他成员则是按部就班，准备好一切后才开始执行。最后，团队里小王和小李在3天内没有完成任务，还伤害了客户，虽然团队里其他成员完成了，但由于部门没有完成任务，所以没有获得团队奖金。

在这个故事中，甲组组长能先召集大家来开会，先站在系统的高度统一思想再有步骤地执行，因此队友不需要想什么战略，执行中的意外也最大限度地减少了。而乙组组长用的是线性思维，有了任务就简单指派，每个成员都是随意地执行，组长的策略、小王和小李的执行，都是任务没有完成的原因。我们在工作中经常会发生这样的事，你做得好，但你的队友不一定也能做得好，最后导致自己和团队被拖累。

这个故事也给我们一些思考：

（1）没有规划好的执行，是没有任何结果保障的，流程和制度是执行开始的第一步。

（2）团队精神是协同作战，你不是一个人在战斗，要时刻注意帮助你身边的队友。

（3）服从安排是执行的关键，时刻记住这一点：尊重游戏规则很重要。

（4）团队保持沟通很重要，时刻了解身边队友的信息，才可以一起步步为赢。

总结一下。

我不是教大家如何对待“猪队友”，我更想教大家如何不成为“猪队友”。如果你是“歪楼”的队友，那你需要通过学习不断提升认知；如果你经常发生思维错位，那你需要更加细心地观察世界，认清问题的性质。

在现实职场中，哪怕你发现有“猪队友”的存在，也不要用消极的态度去面对，更不能使坏。我提倡的是大家都堂堂正正地做人，做个简单的人，“简单可信赖”是我对职场人最高的评价，也是想要掌控职场人际关系的人的首要美德。

五 怨恨、嫉妒与争锋，如何有效地管理你的情绪

“沟通、吃饭就跟学游泳一样，看书、学理论是学不来的，必须要在水里泡。”这句话我在前面讲到过，之所以现在重提，是为了向你说明好人缘是在职场中“浸泡”出来的。

现代职场中人际关系的真相是什么？我不会庸俗地告诉你是权力、金钱或者名气，我更希望你能够简简单单地理解成：人际关系的核心约等于你的吸引力。养成良好的职业素质，提升个人能力、专业能力才是收获良好人际关系的根本。

前面我们先讲了如何避免被“猪队友”拖垮，本节的目的是跟大家分享如何做一个无害的人。中国自古有句话叫：“枪打出头鸟。”在职场的人际关系中，无害不是不作为，反而是我们职场人的一种无差别的美德。

为什么不好的事总会发生

先给你介绍墨菲定律。墨菲定律的根本内容是：如果事情有变坏的可能，不管这种可能性有多小，它总会发生。墨菲定律的主要内容如下：

（1）任何事都没有表面上看起来那么简单。

（2）所有的事都会比你预计的时间长。

（3）会出错的事总会出错。

（4）如果你担心某种情况发生，那么它就更有可能发生。

墨菲定律是一种心理学效应，指的是把失误推给不好的运气，但是在职场中，你可能会听到一些人反反复复说以下这样的话：

（1）有这种思维的老板，谁都做不成事。

（2）每次都是因为他，不然我就完成工作了。

（3）如果把这次机会给我，我肯定做得比他强一百倍。

（4）他不就是认识一些领导吗，没什么了不起的。

（5）上次那件事全是他的错。

被无视，那是你正在经历蘑菇式成长

蘑菇在长大之前，要经历不公平的待遇和不被重视的痛苦，人的成长、公司的成长也会经历这样的过程，这就是管理学所说的蘑菇定律。

很多刚进入社会的人，比如大学毕业生，由于他们长期生活在相对单纯的校园环境中，有很多不切实际的幻想，一旦这种幻想和现实中的残酷相遇，比如说工资达不到自己的期望、同事间的人际关系不够和睦、工作的过程不像自己想象的那样充满乐趣，他们就会失去信心，从而变得消极怠慢，部分人的负面情绪就由此而生。

在取得一定的成绩后，他们总是希望得到领导和同事的夸奖，遇到一些挫折后，他们又总是担心别人会盯着自己。其实，取得成绩时不要沾沾自喜，少发表一些惊世骇俗的言论，少些夸夸其谈，才是他们的最佳生存之道。因为，蘑菇在长大之前是没有人会刻意去注意的，只有多做事情不抱怨，在不被他人所注意的每一天里激励自己，主动自发地学习新的东西，才能有所作为。

新电商第一股拼多多正式在美国上市，外界总结这家公司有三个神奇之处：

第一，在阿里、京东以外的地方生存。大家都知道国内的电商早已是天猫、淘宝与京东的天下，第二梯队还有唯品会、当当、苏宁，竞争不可谓不激烈，而就在所有人都认为没有机会，一些电商平台在怨恨为什么只有阿里和京东时，拼多多这匹黑马却成功地在虎口夺食。

第二，快速成长。2017年11月，拼多多的日订单量已经超过京东。年商品交易总额实现千亿元这一里程碑，达到这一成绩京东用了十年时间，唯品会用了八年时间，淘宝用了五年时间，而拼多多只用了两年零三个月。

第三，农村包围城市。作为年轻人的你，很可能第一次知道拼多多来自你平时眼中跟不上潮流的长辈，来自平时你鄙视的中老年群体、小镇亲戚。

但我觉得拼多多最大的神奇之处媒体并没有洞察到，那就是拼多多的每一名员工虽然都承受着网络舆论带来的压力——他们每天默默地接受着中国甚至是世界上数量最多的中差评，但他们并不受干扰，而是不断努力把每一个中差评升级为好评。说到这里，我想问你一句：“如果是你，你相信拼多多能上市吗？”

凡是正常人都不可能没有情绪，可是他们真的把拼多多做成了，从一开始的偏远不包邮地区，到北京的五环外，他们如蘑菇般默默地生长，之后才有在纳斯达克敲钟上市的今天。

我始终相信，每一个成功背后都是不容易，每一颗从恶劣土壤里长大的种子都更有生命力，事实也是如此。

负面情绪才是你职场中最大的敌人

初入职场处在基层岗位上的小伙伴，以为自己职场上的敌人是同岗位的同事，这种看法是错的，阻碍你职场发展的最大敌人是你的负面情绪，而负面情绪恰恰就是破坏职场人际关系的主因。我们先看看常见的四种负面情绪的成因。

人在职场中要收获良好的人际关系，从组织行为学、管理学、心理学来说需要四种掌控能力，而它们的对立面分别是抑郁、愤怒、怨恨、嫉妒，下面我们来一一拆解。

掌控内心自洽的能力

无法内心自洽的人，最容易失控，并深深陷入抑郁的情绪中。他们常常对任何事情都提不起兴趣，不知道追求什么，同时他们也是失眠的高发人群，“悲观”“绝望”是他们脑海中挥之不去的词汇。

幸运的是，他们在职场中一般不会主动害人，只是自身时刻处在困扰状态之中，久久不出工作成果，甚至还会出现点不醒、骂不动的情况。假如你身边就有这样的同事，建议你远离并保持好自己的步调，不去刻意惊扰他们，但可以用自身来影响他们，注意平衡好自身的状态。

掌控冲突与危机的能力

面对冲突与危机，有些人会用愤怒来应对现实，其本质是一种自我防卫机制与战斗反应的结合。如：

“你是不是傻，你昨天愚蠢的做法坏了我的大事！”

“不是我不认真，合同一写出来，我就马上联系对方来确认，可是对方太忙了，这件事不能怪我！怪我干吗！”

在实际工作中，有些工作进度是需要一定的情绪来推进的，我在自己的公司并不反对那些一言不合就拍桌子的行为，因为最坏的决定是不做决定，如果适当的愤怒可以帮助工作落实，那就去展现你的愤怒，哪怕是在我面前爆发。

面对冲突和危机最好的状态就是冷静。这里顺便多说一句：危机也是转机，只要把握得好，就是职场的上升机会。

掌控人际和谐的能力

近年国内的宫斗电视剧特别多，收视率也很高，实质上宫斗电视剧就是演绎着人与人之间的怨恨。如果说愤怒是明枪，那怨恨就是暗箭，我们在公司中也会经常看到。比如小李和小王同时竞争经理岗位，最终小李因人缘好得以晋升，小王则带着怨恨愤然辞职。这种情况你一定很熟悉，小李因晋升收获更大的权力，他的人际关系还会好上加好，而小王的怨恨情绪只要一天还在，就算去到下家公司，人缘也不会改善。

怨恨在职场中特别常见，但我建议各位不要表现任何怨恨，多提提解决方案吧，一万句怨恨的话都不及一个好的解决办法带给你的好处多。如果你暂时没太多想法，就照着“少说话、多工作”来行事，这里的“少说话”指的就是不说怨恨的话，其能最大限度地帮你减少在职场中的麻烦。掌控职场人际和谐真没那么难。

掌控组织内发展的能力

公司要发展、组织要壮大是商业世界的共识，人在其中不进则退。伴随着激烈的职场竞争，总会有好斗分子喜欢分出个高低，而无能之辈用的斗争工具就是嫉妒和怨恨。

但嫉妒与怨恨有所不同，怨恨是自己得不到，或别人得到了你想要的东西，你时时刻刻在算计着如何毁掉它，伤害的对象是别人；嫉妒的性质就要“怂”一些，这个“怂”字是上面一个“从”字，下面一个“心”字，嫉妒的人主要通过与别人的比较，觉得自己不如对方，时常主动地想起与别人的落差，被动地折磨着自己的内心，伤害的对象是自己。

最好的方式就是定位好自己的位置，明确组织的发展方向，时刻随着组织一起驱动自己，让自己与组织一起发展，时刻随着趋势进步和提升，只有这样才可以更好地掌控自己在组织内的发展。

负面情绪的化解方法

换个角度看问题，会有超乎想象的办法。

人人都会有情绪，这是不可争辩的事实，至少我一直这么认为。

在职场中亦是如此，下属犯了错，老板有情绪；公司总是加班开会，员工有情绪；工作完不成，领导有情绪；迟到早退，行政有情绪；BUG消除不了，码农有情绪；界面被人骂，UI有情绪；单子回不来，销售有情绪；人招不到，HR有情绪……

总之各种不完美、未完成、做不好、不漂亮、出差错，都会招致不同的人有不同的情绪，当然，这其中也包括你自己。

有时候，努力控制自己的情绪，你或许会得到更多认同感，给对方多一个机会，或许也是给自己一个方法，所以换个角度看问题，就会有令你惊喜的答案。

化解你产生的情绪

很多时候，当你选择了你的位置、你的立场，也就意味着你的角色已经定好了，那么，遇到麻烦怎么办？遇到挑战怎么办？产生情绪怎么办？如果短兵相接，怒火中烧，必将误了大事，坏了关系。

当我被我的老板训斥的时候，我也曾被气到两耳嗡嗡作响，手部发麻，内心焦躁不已，各种报复打击的奇思妙想、心狠手辣的计划都浮现出来，有时候都搞得我质疑自己的内心不够清澈且如此黑暗，种种滑稽、种种莽撞之念，而今回想起来，仍然觉得搞笑。

其实，综其利弊，此等冲突最好的处理办法即是冷静下来，暂时回避，多做换位思考。当然，这需要定力、忍耐力，其实就是修炼，定力的修炼、心境的修炼、关于职场和人生智慧的修炼。年轮可以打败内心的狂傲和各种不羁，秋茶也能安抚烦乱的心绪、焦躁的情绪，当岁月慢慢流逝，不留下一丝痕迹，我也没有了脾气，我想我真的开始变老了。

当然，对于年轻的你，变老还远远谈不上，因此我分享一个方法给你，就是来一场“深夜单独痛哭”级的反省。“未哭过长夜的人，不足以语人生”，这句话相信能触动每一个人。当你遭遇不公时，当你犯了错误与失误时，当不好的事发生时，主动选择不归因于外界，不归因于任何人，自己想办法解决问题，或跟同事商量、跟上司商量解决问题。不好的事情是过程，不是结果，它可以不发生，相信你能引领自己的内心始终正向地去突破自我。

调节自己的情绪

我将一个职场人的内心强大程度分为四种：

第一种是放下。在同一个环境下，同一个激烈场合中，先认输，先妥协，先放下。

第二种是主动。在情绪刚刚激化还没有彻底爆发之前，能遏制对方的进展，主动缓和，主动妥协，主动和解，让对方的气焰立马消失，多迈出一小步，多前进一点，或许很多不必要的麻烦会消失。

第三种是包容。我始终相信人性的本质是善良的，劣根的源头来自现实环境的恶语相向。而工作中的各种不如意、牢骚、情绪，仅仅只是一种宣泄，能看到事物的本质和出发点是修炼强大内心的前提，包容他人的小小瑕疵是自己通往心智成熟之路的桥梁。

第四种是平衡。我们在工作中时常会遭遇怨恨，亦时常变得十分享受；我们时常感受到来自身边的温暖，时常感受到忧伤，亦时常欢乐；我们时常遭遇生命的刺痛和感动，时而焦灼，时而忧虑，时而颓废不前；我们身边有各种好人和坏人出现；我们有时脆弱得像个孩子，那么无助，那么孤独；我们有时还会变得狂妄自大，膨胀放肆，不拘一格，漫无目的地大声喧哗、大声炫耀。

我们要如何才能分辨各种动机、如何欣然接受各种假象、如何在幽静中抚平各种不安、如何面对那莫须有的各种质疑、如何继续行进、如何坦然相向，这一切的一切，都需要我们用简单来化解自己的情绪，调节内心的频率，放空自己。好多人不断地问我是如何拥有化解诸事的秘诀的，我说我相信一切美好的事物，我感恩发生的各种不幸，我相信人与人之间的真诚，我敬仰失败，我赞赏伟大，我信奉简单的快乐，我相信平衡就是永恒的职场守则。

六 和老板做朋友，向上管理的核心是什么

我以前面对领导时也会战战兢兢，生怕没有领导肯带我，生怕没有人愿意教我。但是，随着互联网发展带来社会开放性的提升，原来由利益绑定的关系也在发生变化。80后提倡组织去中心化、管理扁平化，90后会把公司建立的层级冲破，95后更是肆无忌惮地调侃着上级。因此，我提倡在这个互联网当道的时代，和老板做朋友吧。

好，我先分享一个自己的故事，我们一起来意会跟对人的学问，毕竟有个好领导、好上级，你的向上管理才有意义。然后我会介绍向上管理的一些心得和方法。

在职场中，找个偶像意义重大

前面讲的都是如何不要在职场中犯错，但对于建立良好的人际关系来说，不犯错顶多是打了个好基础，在好基础之上，我们还需要在职场中找个偶像。这件事意义重大。当然，找个偶像不是要你在办公室立个佛堂，而是如同深夜赶路找个伴，不磕磕绊绊；如同海上行船找个灯塔照个亮，眼不跳，心不慌。

那么问题来了，怎么样的人才适合当自己的偶像呢？就拿我以前的领导J 来说吧，J 有很多优点，这些都是显而易见的。

其一，有思想

我打过交道的人，有元气的不少，大多是言过留声，令人拍案叫好。而J没有太多教条，但凡论事讲道理，言语短少，话糙理不糙，总能在平静中让你感觉看见闪电。你听了他的话，过后会不断心泛涟漪，产生激荡，时不时还耳存回响。如果让我每次都写感想，我真怕没完没了。

J爱读书，书房、阁楼中都是书柜，一肚子的才情。J 是性情中人，钟情于仓央嘉措的情诗，诗情满腹。J 喜欢夜读，故事很多，若容他娓娓道来，次次都能绵绵不绝。我想，也许北大的才子大多如此，离不开故事，离不开诗歌，哪怕没有牛奶，没有面包，也庆幸还剩下书和皮囊。

J 不做作，不装腔，每每聊天说话，总有玄机，话中藏理，训人责备，总能绕上几道弯，让人听了服帖，感觉舒坦。这些又与书本无关，或许与智商有关。

其二，心很善

我所知晓的，受过J 恩惠的人不少，这其中也有些风云人物。话说回来，物质是一方面，舍己达人可不是人人都能做到时时如一、事事如一。归纳总结，J 有一颗向善的心，且时常念叨，度人如度己。

记得有一次，在他远郊的房子里，大伙围坐在壁炉旁边，喝酒抽烟，只有他安静地端坐，似有所思。其间谈到理想，谈到闯荡，J 也不打住，只是偶尔说道说道，大意总结下来，就是心无恶果，方能心安，出门行事，多兜着身板。后来回想起来，一句一句，有如壁炉里的炭火噼啪作响，此时我等内心已变成一罐蜜糖。

J 的句句教诲就如一碗牛杂汤，有切实的温度和味道，各种语重心长直达内心，有如父辈的胸襟。

其三，酒量很好

J 的酒量永远在别人的传说里，这是事实。多少次酒桌上欢声笑语过后，总能看见他叼着烟坐在一旁冥想，偶尔微笑，偶尔惆怅，一点都不像喝大了。J 常说酒不在多，有朋则好，这也是真话，因为智者孤独这事一点不假。酒能忘事，多少烦心事，多少故人愁，一杯下肚，太多的过往已随风飘散，不见踪影；多少兄弟情，多少未酬志，一杯下肚，未来已然在胸，雄心满腹。每每酒后，情到浓时，其总能对事物本质、对未来，洞若观火，一语话千秋，如此这般，我将之统称为眼界的修炼。

其四，世事洞明，人情练达

很大程度上，在J 面前，我们每一个平时自诩厉害的人物，偶尔也会变得略微有点夜郎自大，稍显浮夸，完全顾不上平时人前的优雅。有时我倒希望那是真的因为害怕，是怕被他忘记，抑或其他。每当我们内心如此波澜，他却处变不惊，内心依旧淡然和冷静；每当我们受到个人认知的局限，无法跳出局限的时候，到了他面前，他都能一一解答，让你如梦初醒。届时，我等恍然知晓人外有人，天外有天，才知道一个人的力气再大，也无法独自航行而无视远方的灯塔。而往往智者和有常识的人的区别就是，有常识的人容易忽视这一点，而智者不会。就是这点可贵的自知，让J在诸多人心中，如知己、如明灯、如圣贤，这一句句话，虽然略微显得浮夸，但都是真心话。

沏一壶好茶比做一份绩效报告重要

时间久了，日子长了，J身边总有人走，亦有人留。每有人走，必然相送，每有人留，必然知礼，这迎来送往的心绪，潮起潮落的世事，是需要多大的心神啊。而J永远平静如一，如神台佛龛，饱受烟火，常年矗立在那里，不声不响，不偏不倚。

J平时是极其率性的，也是真实和值得信赖的，有时可爱得像个顽童，有时又苍老得像个长者，其懂得人情冷暖，通达世故原委，知晓吃亏是福、无功不受禄等诸多我们着实需要些年岁方能参透的简单道理。

在J 眼里，沏一壶好茶比做一份绩效报告重要，呈一份心得比唠叨到口干舌燥简单明了，知己明道比战略和计划都要更加巧妙。

对，就是沏一壶好茶比做一份绩效报告重要，如果你有幸遇到这样的领导，说明他已经能做到助人成长、度人不怨、诲人不倦。

那就拿他作为自己的偶像吧。

讲到这里，请各位原谅我对于选对人这件事没有做出一个有高度的概括。在职场的人际关系中，最重要的就是你与上级的关系（注意一下，没有之一），可是实际中大多数人都没有选择的权力，或者说白了就是看运气，因此我提供给大家的，你可以将其视为一份好领导的识别指引。人不会非黑即白，我们不讲究科学上的精确，如果你遇上的领导有助人成长、度人不怨、诲人不倦的作风和气度，那就值得跟随了。

向上管理的常规工作

从简单易行的层面来看，向上管理约等于向上沟通，其作为向上管理的常规工作，不仅高频且影响巨大。以下将向你介绍三种与上级有效沟通的方法：

第一，多选项

如果是在职场“浸泡”多年，从底层一步步走上来的上级，可能就会告诉你他喜欢什么样的沟通方式。而对于大部分人而言，遇到的上级，有可能连普通的工作安排都不会跟你说完整，所以给你上级提供多个可能的沟通方式往往效果会更好。比如你可以问问上级，你希望我多久向你汇报一次工作？发邮件还是发微信呢？

第二，少负担

不少初入职场的人，在与上级沟通时，先做的往往都是不经思索抛出问题，并希望上级直接给出解决方案，这样做是不对的。长此以往，上级会认为你只会制造问题，不会解决问题。因此，在你提出一个问题前，应至少想到一个可行的解决方案。另外，当你要求上级提供帮助时，不要直接请他帮你解决什么问题，而应请求上级抽10分钟的时间给你做指导，这里的重点是请求他抽10分钟的时间。

第三，没偏见

哪怕同一部电影，不同的人对其也会有不同的感受，所以你要先了解上级是什么偏向的人，是讲究细节的完美主义者，还是只看大方向、懂得放权的目标导向者？他是凭直觉还是特别在意事实？抉择偏保守还是能激进地面对现实？这些情况了解后，你就能站在他的高度表达自己的建议了。

向上管理是一种思想

说点实际的，对于初入职场的新人而言，想做到向上管理真的很难，主要是没方法，就算有方法，也因为没见过世面，容易心生胆怯而不敢用。因此在新人阶段，我给你的建议是先做到准确地理解上级的意图，然后迅速转化为执行力，而不是在还没搞清楚状况时，一味坚持自己的想法。

向上管理是一种思想，是一种意识，一种在职场生存的导向，它跟你现在处于什么位置没有必然关系。而作为思想，并不好理解，我给你总结了三条原则，分别是：

（1）清楚知道自己的优势，目前是否处于自己最好的状态。

（2）清楚地了解你的上级、你的上级的上级对你的期望。

（3）清楚地了解你的上级、你的上级的上级真正在思考什么。

你清楚自己的优势吗？这些优势就是你向上管理的基础。清楚优势你还需要把最好的状态拿出来，否则你的工作对公司没有价值。

如果他们思考目标，你在思考困难；他们思考现在，你在思考未来；他们思考可以做什么，你在思考不能做什么，就很难形成一致的意见，向上管理就无从谈起了。以上都是你在做向上管理前需要清楚的。

向上管理是一种思想，是思想就可能会有最高境界，那么，你认为向上管理它有最高境界吗？我的答案是它有的，那就是如何在成就个人的时候，与组织保持步调一致。假如这位老板就是你自己，在把自己当作老板时，你就可以站在更高层面思考问题，想到老板应该想到但还没有想到的地方，并调动资源去实现，那么，你想做事情，老板自然会全力支持。这就是向上管理的最高境界。

七 职场人脉王，人际关系必胜的策略是什么

在写本节之前，同事黄老师就跟我说：“路叔，这节讲的是人际关系的必胜策略，所以要多来点干货，很多人都需要的。”然后我就问黄老师：“你觉得什么叫‘干货’？”黄老师告诉我就是成为人脉王具体要怎么做。

我们要成为职场人脉王，有什么必胜策略呢？我给你的答案很简单，那就是做人做事都要有常识。下面我将跟你分享什么是常识，以及要成为人脉王的常识是什么。

60分、90分、100分

说到60分，中国人都知道，就是通常所说的及格的意思。偏偏很多职场人的工作连60分都达不到，例如给客户发一封邮件，里面出现了一个错别字；工作上有意见不是想解决方法，而是跟同事抱怨；开会时，不是讨论工作的方式方法，而是直接否定他人；一些公司考勤不严甚至不要求打卡，一些人就心安理得地比领导还晚上班。这些例子经常出现，在常识范围内的，明明自己知道，完全能避免的事情却没做好，就是没有常识的表现。

我认为，做人做事，只要不忘记常识，就能把工作做到90分。我们在前面说到避免成为“猪队友”，管理好自己的情绪，懂得用向上管理的思想与上级相处，这些基础性的工作也是常识，只要不犯错就能达到90分。而要成为职场人脉王，人际关系拿到90分肯定还不够，必须做到100分。

还记得奔跑的阿甘吗

看过电影《阿甘正传》的朋友一定记得，电影里面有一段奔跑表演，讲述的是阿甘与女主分手后伤心欲绝，于是就选择了用奔跑来治疗，反正阿甘当时也觉得没什么事情可做，于是就那么一直跑下去。长时间、长距离的奔跑，使阿甘陆续被媒体报道了出来，但是众人都不知道阿甘为了什么而奔跑，只见他一直在奔跑，从美国乡村田间跑到西海岸灯塔，渐渐有些人就被他这种“一直跑”的行为所吸引，被他“一直在坚持跑”的意志所感动，也跟随他一直奔跑。

之所以提到阿甘这段奔跑的旅程，是因为这跟上文所说的职场人脉王有着共通的道理，那就是要成为人脉王，要像人脉王那样有着一呼百应的能力，靠的就是你所做的事能够吸引他人的关注，你具备某种感染他人的能力，你有着让别人愿意追随你的能力，你去做什么时，别人都不问为什么，也不管你目标在哪，还愿意加入你一起干的能力。其实，领袖能发动群众解决难题，群众也愿意跟随着他去实现目标，哪怕看似不可能的目标，所以你会发现，人脉王通常都是在职场中身居高位的人。

好，讲到这里，你大概能感觉到成为人脉王的“配方”了吧，那就是你懂得常识，不在常识上犯错，在做到90分的基础上，再加一颗阿甘的心。

成为职场人脉王的常识

干货到了，我们来看看成为职场人脉王的常识有哪些，还是从四种掌控能力讲起：

常识一：成熟、体面、随和

这是掌控内心自洽能力方面的常识。进入职场，不管你之前在学校怎么样，我们都要把与人相处的人设调整为成熟、体面、随和，不轻易对他人发表议论，不传他人的八卦，更不要在背后放暗箭。你的每一个行为、每一次的说话都会展现你的成熟度，也许你对很多人看不惯，思想也特立独行，但放在心里就好，乱吹牛放炮只会让你的朋友越来越少。我介绍一个小技巧，把“看不惯”这三个字改成“看不太懂”，在无关要紧的事上，装装傻，你的敌人也就没那么多了。在不足挂齿的小事上，忍让一点，更体面一点，你会得到你意想不到的尊重感。面对与你相关的同事和上司，遇到你的客户和合作伙伴时，笑着处事，平静待人，很多时候，你会得到意外的收获。

常识二：管理好情绪

这是掌控冲突与危机能力方面的常识。之前就讲了如何管理好情绪，我可是苦口婆心地叫你别成为一名“职场病人”。就算平常成熟、体面、随和，但只要你情绪失控一次，之前所有苦心经营的人设都会瞬间崩盘，你会被所有旁观者视为“职场病人”，虽然之后没人敢惹你了，但也代表着今后没人在意你，没有光照的种子，很难有大的发展。情绪是职场心态的展现，静心而后随心是我常说的缓解情绪的一种方式。完全没有情绪的起伏也不可能，重要的是控制和平衡度，伺机而动，只有这样才可以更好地去把控你的情绪，调整你的心态。

常识三：得体

人们对你的第一印象，一般通过你的穿着打扮。由汤姆·汉克斯与莱昂纳多·迪卡普里奥主演的电影《猫鼠游戏》，莱昂纳多靠着假支票全球行骗的关键就是他的穿着，在专业外壳之下做什么事情，都能让自己看起来像什么。要想成为职场人脉王，你就得有人脉王的穿着样子，情性跟行业一致、跟公司文化一致，别人也就找不到点评你的理由。过于出位是自带攻击性的，这并不是不强调个性，而是在职场中我们需要一种自我保护。另外，你的专业、你的正直、你的行为处事的方式以及你对待每一个人的态度都是你的素养的体现，你的自我管理、你的协作、你的向上和向下管理，也都会展现你是否得体的一面。

常识四：简单可信赖

这一点也是我经常强调的。“口花花”在职场上是高危行为，如果你喜欢说别人的是非，那你吸引来的也必将是一群爱八卦、以损人为乐的同事。时间一久，“不靠谱”这个标签就深深地印在你身上，愿意跟你坦诚相对的人也会越来越少，但凡有抱负的人都不会与你为伍。简单可信赖比能说会道更让人感觉放心。试着去简单做人，让周围的人对你更具备接受度，认真地做事，帮助他人成事，更有成效地做事，你的成绩和你的贡献就是你得到的信任分数。

常识五：哭

“会哭的孩子有奶吃”，但这需要我们对着适合的人，在适合的时间里合情合理地“哭”。在职场遇到难题时，我们通常有三种解决办法：第一种是自己解决，自己探索未来；第二种是运用工具，如百度、知乎，你要知道很多情况领导跟你说的，都不一定有知乎上的全面且清晰；第三种才是请教别人。凡事都问，只会让人觉得你能力平平，实力一般，无聊的小问题不仅会浪费自己的时间，还不尊重别人的时间。发问前先做好准备工作，带着完整的细节去问，能让人感觉到你的认真，你的问题也会得到有效的回答，同时还能收获他人对你的尊重。找合适的人来问也很重要，在对的时间，提出对的问题，对方也会用对的方式来帮你解答。

常识六：小恩

小恩养贵人，大恩养仇人。先说大恩吧，现代没什么大恩，一般人也不会提供大恩级的帮忙，所谓大恩就是你极难做到的事，但到了对方那里就只是权力范围内的小事。而小恩往往就是能打入对方心里的小恩小惠。如一个朋友他公司今年的发布岗位数全用完了，现在又急需补充一个人，你顺手把他的招聘信息放在自己的朋友圈中，不管有没有帮上忙，他都会感激你。在不经意间送出你的“玫瑰”，是一种极大的善意，而你今天的善意，就是你明天关键时刻的救命稻草。

以上的常识三至常识六都是掌控人际和谐能力方面的常识，下面三点讲的则是掌控组织内发展能力方面的常识。

常识七：能力

在职场人际关系中，能力是“1”，关系是“0”。当然，很多朋友可能会问，能力可不是一天两天就能提升的，该怎么办呢？这其实想多了，就能力来说，我们只要在本职工作上过了及格线，同时让人能看出来你在本职工作上是有潜力的，对公司而言有可培养性，那么你能力上的这个“1”就拿到手了。招聘简章就是一个基本能力的准线，一家企业录用你，一个老板愿意请你，是因为你具备基本的常识性的能力，也就是你可以做这件事。反之则证明你不符合，就会被淘汰，如果你不具备这个常识性的能力，你周遭的同事一定不认可你，会认为你总是拖后腿。如果工作上执行力强，做事有分寸，愿意吃苦耐劳，态度认真上进，那么你就是职场上最受欢迎的员工。关系是“0”是因为关系永远没有止境，是动态发展的，你需要持续不断地去维系它，坚持下去，良好的同事关系才会伴随你的整个职业生涯。

常识八：大局观

在职场上抱怨、怨恨的人往往目光很狭隘，我们要做一个有大局观的人。这个世界很美好，多用欣赏的眼光看待周围的一切，你就会发现，许多矛盾放在公司层面、放在人生层面就会变得微不足道。大格局下的沟通更让人感觉你有气度，心怀未来的人对于成败特别心宽，包容性强的人往往人缘都不会差，懂得分寸的人往往会有更好的口碑，如果你当了领导，这些就是让你成为众人偶像的基础。

常识九：永远跟优秀的人同行

优秀的人不一定会马上成功，只是时间不够或者时机未到。优秀的人总是相似的，他们不仅懂常识、明规则、有准则，而且能够做到自醒、自律、自发。你们的合作一定是愉快的，工作成果也最有可能被无数倍放大，就像跟马云、马化腾做同事的人一样。职场就是入对行、进对门、跟对人，而我的建议是："30岁前，入对行、进对门，30岁后让自己成为对的人，或找对的人跟，但在跟对人前，你至少要成为靠谱的人。"

目光灼灼地找到你身边更多优秀的职场朋友，和他们交谈，和他们互动，和他们成为朋友，从他们身上看到更多的优点，从他们的观点中沉淀更多的想法，从他们的成绩中看到更多的智慧，让优秀的人永远驱动你的工作、你的事业、你的职场人生。

PART 3

激进选择

你的人生选择仅有伪装或真实

未来已来：为你而来，还是弃你而去?

一 角色选择——我的伪装不是为了取悦你

作为一个职场人，我们处在一个复杂的人际组织中，我们时常要去选择一种新的角色，也时常要学会伪装和还原真实。

“角色扮演”这个词大家应该都不陌生，角色扮演理论是以米德的角色理论和班杜拉的社会学习理论为基础发展起来的。当你在一家公司做了几年，走上关键岗位和在个人进阶阶段从事管理岗位时，不仅要面临各种测评、考核和组织评价，还要面对下属和团队成员的管理，这些都需要我们伪装成不同的角色，实时地扮演场景所需要的角色，转换自己的角色定位，这样我们才能游刃有余地处理各种关系。

第一个角色：家长

当你是团队负责人的时候，你需要把自己设定为一个家长的角色，随着这种设定，你要保持一个家长的风格，告诉自己是一家之主，应该如何开展工作。作为团队工作目标与责任的承担者，你要承接组织和团队赋予自己的任务目标，实时分解目标，制订目标执行计划。同时，组织团队的责任也在你的身上，包括制定每个员工的发展目标，管理团队成员的考勤、态度、学习任务、工作计划、完成进度、人员招募和流失。作为第一责任人，成员遇到困难时你要第一时间站出来，团队的失误你要第一时间扛起来，成员获得荣誉也要第一时间提出来，这就是一个领导者的家长责任。

第二个角色：教练

不管做什么业务，你作为团队负责人一定要熟悉业务，时刻问自己是不是一个业精于勤的人，是不是一个能力领先者，你必须要成为一个业务专家，你要比团队成员更懂业务和专业，这样才可以为人所信服。另外，你要跟体育教练一样，你要勤于训练团队成员，你首先必须要有出色的技能，这样才能使他们的业务能力变得跟你一样优秀，使他们变得更加聪明和具备更多的解决复杂问题的能力，时刻帮助员工提高知识、技能和职业素质，只有这样带领大家，你们整体的业务能力才可以更加突出。

第三个角色：话务员

沟通是团队协作必不可少的部分，作为一个关键和核心人物，学好沟通的技巧是极其重要的。多练练演讲和口才没有坏处，时刻检视自己的表达与沟通能力，同时，你要协调各种事务，变成一个优秀的协调者，上情下达、下情上达，及时做好信息的传递工作。同时，你还要跟大家及时诠释公司的制度，如奖励机制、组织规则、游戏玩法，甚至包括组织倡导什么、组织的红线是什么，多向上反映组员的想法，让他们的创造力得到重视，同时也起到激励组员的作用。

第四个角色：服务员

不要总认为自己是领导，要做一个服务者。不要觉得服务是不好的事情，或者低下的工作，除了服务公司、客户，你还要及时服务员工，充当他们情绪发泄的垃圾桶，成为他们的勤务兵。要做好资源的协调与提供，及时清理他们工作的障碍，不怕苦、不怕累，明白“想要粮，先做娘”的道理，保持团队的风气，说得多不如做得多，多减轻一些他们的负担，多提供一些保障，这比成天喊口号要实际得多，也高明得多。

第五个角色：监督员

让自己变成我们读书时候的老师，做老师说到底就是要时刻监督大家的工作，时刻监控业务的发展状况、团队成员的工作状况，关注大家工作过程中的各种表现，及时制止不合适的举动，及时剔除不好的工作方法，和员工交朋友，让他们在尊敬你的同时也更信赖你，不要让他们感觉工作很痛苦，让他们敢于把自己的工作和职业托付给你，没有负担，相信你的带领，同时全情投入工作中。

在工作中，我们还需要扮演很多角色，但角色的代入感只是针对某一项管理动作或者某一项具体的工作，而不代表真正的人格与性格，也不能一直不变化地去扮演某一种角色。只有保持不同角色的转换，你才可以更好地平衡工作和生活的关系、人和组织的关系、同事和你的关系。做好了角色扮演，你的工作将会更加轻松，你才可以尽情发挥你的管理和组织才能。

二 跳槽选择——我的职场我做主

人的一生，永远在不停地做选择题，职场亦是如此，每一次的选择都是人生的分岔路口，但我们一直还在坚持，因为每一段旅程都是做我们自己。

跳槽五步法之一：如何选择对的行业

丢掉稳定性的想法，它会让你堕落。

我大学毕业后跟所有职场人一样，从零起步，从最开始几千元的薪资做到年薪百万，在过去10多年的职场生涯里面，兜兜转转也换了几个不同的工作，但很庆幸的是，每一次跳槽都有收获，职位也越来越高，带领的团队也越来越大，甚至一度超过千人。我从2005年误打误撞进入招聘行业开始，先后在中华英才网、智联招聘、拉勾担任高管，见证了好几家公司从小到大甚至上市的过程。在人才平台工作，我累计服务了几万家公司，知道了它们的招聘方式、选人的逻辑以及用人的习惯，同时也帮助无数职场人找到了更好的东家。掐指一算，我在招聘这个行业混了已经有10多年了，在招聘这件事情上也算得上有一些话语权，相信我的关于职场跳槽的经验和干货能给你在选择机会上提供一些帮助。

每年3月是一个跳槽高峰期，最近很多“灯泡”在灯塔里面请教我关于找工作和如何跳槽的问题。心中依然有梦想，还有一些野心想做一些事情的你，是不是也在跳槽这件事情上有些困惑，有些迷茫和不知所措，那么今天就让我来给你讲讲如何跳槽这件事情。

俗话讲，“男怕入错行，女怕嫁错郎”，我们选择待在一个什么样的行业去工作、去奋斗显得尤为重要。你适合做什么，想在哪个行业发展，未来哪个行业的发展前景会比较好，会有怎样的行业机会，这个行业是否比较有机会产生优秀的独角兽公司，是否也能给你带来价值，是要分析的第一步。打个比方，10年前如果你选择进入房地产行业和金融行业，或者进入外企拿到一个好的Offer是很值得骄傲的，因为整个行业处于高速发展期，最后一般都会有比较好的收获和结果。但今天你再看这些行业，大把人离开，剩下的不是国字头就是几家巨头瓜分天下，外企也走了好多，相信大家也经常听到外企不好混的说法。那么有人又会说了，这些行业稳定啊，至少现在来看都发展很好，不容易失业啊。但我要说，你所谓的稳定，不过是在自欺欺人。我们每一个人有40年左右的职场生涯，从长远来看，相对稳定的行业会相对稳健，大多数管理岗位的人工作年限都很长，基本没有你的机会，高阶的岗位晋升空间和职业上升通道也会很窄，你进去做个职员确实感觉很舒服，但你希望10年后还是一个基层员工或初级管理者吗？今天来看，互联网这么发达，人工智能、新零售、知识付费、共享经济如此火爆，很多互联网科技公司的市值已经超过了传统的巨头，相信在未来的5~10年，依然会有很多的类似BAT这样的公司出现，小米、今日头条、新美大，这些都是例子，在5年前，它们都很小，不是每个人都敢于加入这样的创业公司，敢于去博这样的机会，今天来看，想要加入它们又是一件异常困难的事情。很多年轻人问我，到底该选择什么样的行业？我依然首先推荐去互联网科技公司，因为它们代表未来，代表社会发展的方向，我们未来的衣食住行都已经开始被它们改造和颠覆。其实今天已经显现出来了，订餐用美团，出行用滴滴，买东西用京东，租房子、订酒店用小猪、自如或者爱彼迎，互联网在让生活变得便捷的同时，也创造了很多的机会和一夜暴富的神话。作为这些公司的职员，不管在个人成长、能力锻炼还是财富回报上都是可观的，至少远远优于其他行业。不单单薪酬普遍高于其他行业，它们的管理相对扁平，新业务的拓展也很快，在整体公司规模扩大的同时，开放的管理机会和晋升通道也很多，整体上升周期会很短，可以大大缩短你的奋斗时间，在更短的时间内有机会获得最大的价值回报。同时，互联网科技公司相对而言文化比较开放，崇尚创造力和想象力，能让你有机会表达自己的主见，实践自己的想法，成为更全面和专业的人，让你的个人能力值和竞争力得到全面提升。所以，你在看机会时，可以优先考虑一些成长性的互联网科技公司，尤其是A轮以后的，发展前景和市场空间比较大的在赛道上的公司。

跳槽五步法之二：如何选择对的人

在职场中，总有一些所谓的职场达人鼓励年轻人去走捷径，去外面的世界看看，利用一年一小跳、三年一大跳的方式去转换工作环境或者去和自己的老板换取更好的加薪升职的筹码。据某招聘平台统计，拥有1～3年工作经验的职场人平均跳槽周期为12个月，而拥有3年以上工作经验的职场人尤其是总监以上岗位的中高层为36个月。由此可知，越高阶的人越懂得怎样做选择，而他们大多数其实是在选择自己的老板，选择跟什么样的人。

第一，为什么要转换工作

工作和谈恋爱一样，假如你第一个相处的对象是你的初恋，而这个初恋一直处于很好的状态，为什么一定要换呢？因为她有可能就是你这辈子遇到的最好的对象，我相信和初恋走到终老的也大有人在。有些人说，多谈恋爱才有经验，才懂得如何跟对方长期相处，才懂得珍惜，但如果你已经有了好的稳定的对象，直接跳过恋爱环节步入生活期，为什么还需要恋爱经验呢？所以有时候你要去分析、去判断，因为你遇到的第一家公司和第一个老板有可能就是最好的，倘若这样，为什么不坚持呢？

第二，其实一切都是做选择题

工作也好，生活也罢，你无时无刻不是在做选择，买什么样子的衣服、买什么手机、买什么品牌的车、买什么地方的房子、买哪一只股票，生活中的一切都需要我们去做选择。有时候选择对了，有时候选择错了，甚至有时候我们会为错误的选择付出很大的代价，这一切的关键其实还是我们做选择的能力。举个例子，你出去买衣服，因为你平时比较少逛街，所以你买的衣服可能你的闺蜜会觉得不好看，这是因为你缺乏经验，那么你就会再去买，其实结果还是一样。倘若你经常看看时尚杂志，多了解潮流，另外，多了解自己适合什么，最后买的东西就会受到称赞。在这其中你为了自己最大概率地做正确选择付出了努力，增长了见识，提升了认知。职场也是一样，如果你的自我认知越清晰，你的见识越广泛，你越努力学习，那么你做对选择的能力就会越强，做出正确选择的概率就会越大，所以关键不是要做选择，而是要具备做正确选择的能力！

第三，跟对的人做对的事

不管什么时候，人永远掌控事，只有人才会创造价值，入对行、进对门、跟对人，如何选择一个好的老板才是重要的。如果你发现一个好的老板，你断定他能为你提供知识、创造价值，那么你一定要坚持，因为没有哪个老板不喜欢持续学习的人。

很多人总提到我走了公司就提拔了那谁谁，他还不如我，我走了部门就加薪了，我走了公司就发股票了之类，你知道吗，任何一个优秀的管理团队其实是有管理策略和人才培养及价值回报计划的，你要耐得住寂寞，如果你认为你值得拥有这些或者有能力得到这些，你就更应该坚持看到结果。我们的干部选拔机制一般是选拔工作满12个月以上的员工，在我的团队里曾有一个工作了11个月的员工，基本应该就是他会得到一个管理职位，可他偏偏提前一个月提出离职，这就尴尬了。因为没有开始选拔，你不能承诺下个月一定是他，即使告诉他，他也会认为这是留人技巧，其实真相就是这样，可他偏偏不坚持，最后自己后悔莫及，公司也为他可惜。从此以后他再也没有遇到过这样的机会，人生变得截然不同。这样的例子太多了，我还见过走了几个月与价值几百万元的股票擦肩而过的，这一切的一切都与坚持有关。有人会说，老板为什么不提前告诉我，那我就坚持不走了。任何组织都有它的规则，我们要学会从不同的视角去理解和预估未来的走向，我们要学会判断。我一直说千万不要认为你知道你的老板在想什么，也千万不要猜测你的老板会做什么，其实你做好了，坚持你的判断和对人的认知与选择，找到一个可以带领你的人，只要你相信他一定会成功，你跟随就好了，到了那一天，该你的就是你的，如果你是优秀的，那你怕什么呢？只要你种下因，将来一定会结出善意的果。

跳槽五步法之三：如何包装自己

一份好的简历，是一封感动上帝的信。

好的简历一定有可以打动面试官的内容，且可以为整个面试加分。很多时候，候选人会从自己的视角出发来写自己的简历，几乎不考虑面试官的视角，这是不可以的。这跟相亲有相似之处，你不能完全按照自己的喜好来穿着打扮，你要考虑对方是什么样的人，审美标准如何，怎样更适应对方的风格，双方品位相似、合拍，才可以得到更高的印象分。求职也一样，我们需要站在面试官的角度去思考，他们要看什么，了解什么，什么是亮点，怎么可以打动对方，如何才是与对方匹配合适，那么，到底怎样才是一份好的简历呢？我的理解有这么几点：

简历的包装不要过度，尽可能真实

这些年来，由于工作的关系，我面试过上万个面试者，我总结了绝大多数被我放弃的简历，其中最重要的一点就是过于花哨。我最直观的感受就是很多年轻的面试者总是喜欢用华丽的简历包装，整份简历弄得五颜六色，很花哨。其实，简历不是设计稿，不需要包装得那么华丽，排版设计简单清晰，有条理就好，简历也有简历的规则，你如果过于浮夸，过分地增加一些不必要的章节，其实就显得有些多余了。

简历主要看的是内容，过多的色彩反而会让对方反感。还有一些本末倒置，一上来写一段很长的内容，用很华丽的语言吹嘘自己，意思就是想告诉对方我是一个怎么样的人，怎么怎么厉害，不录用我是你的损失之类。其实大可不必这样，简历不是自传，也不是一篇华丽的作文，用几个总结性的句子重点介绍自己即可，就像一篇论文的总结一样，不需要长篇大论，突出自己的特点即可。另外，要注意运用倒叙法，要从最近的工作开始展开，因为最接近的一份工作才是最重要的，HR大多也是重点看最近的事情，不会从末端来看。另外，不要添油加醋，故意增添一些章节在中间，让对方不知所云，注意结构的整体性和完整性即可。排版方面应注意字体大小，重点内容加粗，不要用多种字体，这样显得简单明了，简历的“简”也就是这个意思。

尽可能真实

有很多求职者喜欢用过于浮夸的工作内容和背景来写自己的工作经历，实际上，一份简历应该是有基本的骨架的，思路完整即可，包括你的基本信息，你的个人介绍，你在每一家公司的具体工作内容和成绩，还有你的项目经验和优势等。

我遇到过这样一个求职者，他基本上把每一个职位都抬高了，明明只是一个职员，非把自己写成主管，来求职一个经理岗位。由于我了解对方公司，所以知道根本不是像他写的这样。另外还要注意的就是时间，别故意写长你的工作时间，是几月份入职几月份离职都要真实，别把HR当傻瓜，他们看过很多人，也可能面试过你的同事，是基本懂得你的工作内容、工作时间和组织结构的。其实，哪怕你蒙混过关，有一天被发现也是要付出很大代价的，因为很多公司都有入职承诺，一旦发现虚假的简历背景，是要解除劳动合同的，所以建议大家还是不要冒险。一定要写自己真实的职位，如果你有管理的经验，就在工作内容里面描述就可以了。很多年轻人喜欢杜撰一些自己从来没有过的经历来包装自己，有些不单单是提高自己的职位，还杜撰一些项目经历，把自己包装成项目老大。其实大可不必，如果你在一个项目里面起到了关键性的作用，你就写事实，告诉对方你在其中负责组织协调的工作或统筹的工作就可以了，不要弄得好像整家公司只有你一个人在做事一样。你做过什么，具体到实际工作内容，不需要写一些华丽的掌管啊、负责啊之类的内容，这样不接地气，显得很虚，反而无法突出你的实际工作内容。重点围绕人和事、过程和结果来展开，这样反而有主次，面试官一看就了解真实的你。

你究竟创造了什么价值

在职场中，每一个岗位的人，在组织中都有自己的角色，都有存在的价值，你在这个团队里面，在整个工作中创造了什么，取得了怎么样的结果，大胆写出来。比如你是一个产品主管，那你可以写产品的第一版原型是你独自策划和构思出来的，其后你负责哪些功能，这个功能吸引了多少用户，多用数据来说话，这就是价值，而不是你负责整个产品，吸引了几百万个用户云云。我们知道，一个产品肯定是一个团队协作的结果，不可能是一个主管做出来的，光去追求大而全来展现自己的产品能力，反而凸显不了个人。可讲讲工作上的几个重点，比如，你做了一个什么样的产品，有什么创新，执行得怎么样，具备什么功能，最后为公司带来了怎么样的产出，结论是什么。

其实，面试官主要看你为组织创造的价值，拿管理岗位来说，首先一定是你负责什么团队，你管理了多少人，这些人的产出怎么样。其次就是你的团队主要承担什么职责，哪些重要工作是你们负责的，其中你做了什么。数据上就是你的部门做了什么得到什么，可以是用户数据、收入数据等，还有就是你输出了什么，培养了多少人，他们怎么样，在成本上、人力上、效率上的贡献如何。最后可以描述一下你额外做了什么，这是加分项。可以展示你的全面性，还有获得的荣誉和奖项，大概描述你在公司的位置和重要程度。这样下来就很全面地展示了你的管理能力，大概可以承担什么职责。在价值描述上，要有一定的深度，不要蜻蜓点水，一定要注意抓重点、抓结果。

你的能力优势是什么

在能力这个范畴，更多是展现你的软实力，因为大多数的岗位需要知道你除了专业能力以外，你的软实力大概侧重什么。你要告诉面试官，你拥有的软实力可以为这个职位带来很大的突破和成长，对方凭什么录用你，为什么是你而不是别人，你在这个岗位上能发挥什么优势，你最擅长做什么，你最大的强项是什么，你有什么资源优势、管理优势以展现你的不可替代性或者稀缺性。

我们都知道职位分为专业性和能力值，工作内容大多描述你的专业性，而能力优势基本概括你的能力维度，比如沟通能力、组织协调能力、统筹计划能力、拓展能力、创新能力等。如果你说话一般、演讲一般，千万不要写你擅长沟通，这样就有点过了。如果你逻辑性很强，经常做很漂亮的总结报告，还擅长从中分析和看出问题，你可以突出写你擅长总结和梳理工作内容，并提出有建设性的解决方案。能力维度是考验你是否跟公司职位能力值匹配的关键，另外，你还要和公司的管理文化、公司所倡导的岗位整体价值观相匹配。

简历十要素

第一点：字体

整体排版上字体要一致，中文字体和英文字体要标准，中文可以用宋体或者微软雅黑，5号字体，英文可以用Arial标准字体，注意字母空格和间隔，标题和重点内容开头加粗，以方便阅读。

第二点：分段篇幅相近

个人基本信息、个人介绍、教育经历、工作经历、个人技能、项目经验要分段，且格式要一致，内容篇幅要相近，不要过多也不要过少。

第三点：条理清晰

每一个段落的内容要分成几个小点，要习惯使用总结性语言，准确使用关键词。

第四点：用数据说话

要巧用数字，比如你的工作成绩可用数字概括：销售额从10万元提高至100万元。

第五点：用主动词

多用主动词，比如“完成”“设计”“执行”等来叙述工作经历。

第六点：简历格式

尽量用docx和PDF格式。

第七点：技能标签

技能标签尽量使用工具名称，比如PS、Word、Mind Manager。

第八点：项目经验

重点讲述你的角色、项目周期和结果。

第九点：与众不同

个人介绍要突出与众不同的特点和能力，不要过多自我赞扬。

第十点：一页简历

整体篇幅不要超过两页，要注意不要过多设计，尤其是不要用太多颜色。

跳槽五步法之四：面试大法

没有最好的面试，只有真实的自己。

在每一次面试之前，我们需要从甲方的角度去考虑一些问题，即每一个公司的老板心中在想的几个问题：

“你适不适合我们公司的文化？”

“你是一个什么段位的人？”

“你有什么与众不同的特点？”

“你是否能承担起这个岗位应有的职责？”

“你是否可以适应我们公司的发展？”

“你能否在这个岗位上做出突出的贡献？”

基于这几个问题，我们看看公司对新进员工的期待：

（1）对“做什么”及“何时做”有清楚、明确的指引，并且对完成任务有充分支持。

（2）对待人和事公平合理，并且一视同仁。

（3）工作分配合理且明确，目标导向明确。

（4）善于发现不足并改进不足，有持续跟进的学习与成长计划。

（5）必要时愿意反映真实的想法和提出创新的建议。

（6）愿意向上级通报自己和团队发生的一切，且能果断做决策。

（7）愿意倾听他人，接受他人的合理意见和建议，并总是对他人反映的情况表现出兴趣。

（8）充分信任合作者的能力和工作意愿。

（9）总是自我驱动地去工作。

（10）总是获得大多数人的赞扬，可以凝聚一个团队。

综合来看，面试时主要看你与你的上司和同事的匹配度，你与公司组织和文化以及优秀的员工之间的差异，在你的专业能力之外的价值观、个人品德、思维方式、创新能力、管理能力。

在面试时，每一个面试官可能风格不一样，有旁敲侧击型、有故弄玄虚型、有压力面试型、有循循诱导型，总之，除了有逻辑性地回答对方提出的问题，不含糊其词和故意躲闪之外，不要长篇大论，不要刻意评断他人和过去的组织，要公正直接地表达，说话要注意节奏，要以总结概括为主，在自我评价方面刻意多谈谈个人特点和优秀品质，同时要表达一种欲望，比如提出自己对公司的探寻，问问有关公司发展的几个问题，表达积极主动性。

但不能忽视以下几点：

（1）你过去老板和同事对你的评价——协作关系。

（2）你的不足和短板——发展空间。

（3）你的离职原因——忠诚度。

（4）你的职业规划——稳定性。

一次成功的面试，总的来说应该是真诚的、真实的，除了在笑容、衣着、谈吐上给对方一个好印象之外，还要不刻意伪装，直面挑战，不浮夸，但可以冷静修饰，准备好如上所说的内容，赋予你勇气和底气。

跳槽五步法之五：成功跳槽

遵从最好的安排，打倒内心的小魔怪。

跳槽永远没有对错，只有最富性价比的跳槽。每一个人跳槽大多因为三点：钱没有拿够、心里委屈了、看不到希望。在这三点上，我们冷静下来看看。

钱不够？用短期薪酬来衡量发展是极其错误的

我们大学毕业后，在一个城市找到一份工作，这份工作匹配的薪酬大多跟我们所处的阶段、能力、付出相关，大多数人把跳槽简单定义为薪酬的成长，就想要获得更多的报酬，其实是极其错误的，在任何一个合格的组织，付出和成长一定是成正比的，薪酬和能力的倒挂偶尔会有，但很少，同时也是不长久的。举个例子，如果在一个中小型的团队中，你毕业一年，拿着七八千元工资，你也没有一个人做两个人的活，你甚至在团队里面表现中等，此时，如果你期望通过跳槽有30%的工资涨幅的可能性是很低的，哪怕运气好，你到了新的环境，你的新老板多半期望你干高于你薪酬的活，你可以问问自己，能力够不够，沉淀足不足，否则，为了简单涨一点薪酬而轻易跳槽是极其危险的。我见过很多裸辞的人，去找工作，总认为自己应该值得更多的钱，往往折腾好久都找不到，或者找到了待不了几天。每一个行业，每个岗位的人才在市场里面是有一个大概公允的价值的。为了薪酬主动跳槽的前提只有一种，就是你很久很久没有加薪，而老板一直不为所动，你的薪酬低于新来的同事或者市场平均水平。薪酬是一项长期的投资回报，而不是一种短期的投资行为，一个职位机会带来的回报要考虑很多其他的因素，如持续性、成长性、团队整体变现等，这绝不是简简单单的数字变化。

心里委屈？跳槽是化解不了自我焦虑感和委屈的

我们知道，人都是有自我性格的，那么，在任何一个团队中都会有摩擦，小到问题的争执，大到价值观的不同，被老板批评一两句或者同事争执几句就闹脾气其实是小孩子的做法。我常说吃得了亏做得久，偶尔谦让和隐忍是优秀品格的一种体现，但如果长期因为对的事情得不到理解或得到错误的处理，或者是明明正确的做法却得到了领导的误判，此时我们就可以适当地提出不同的意见或者建议去纠正，如果一直没有纠正过来，我们就可以理解为彼此判断的标准或者价值观不一致，而这些大多体现在组织或者管理者的公平性、一致性、平等性几个关键点上。这里有一个前提，就是你是否具备了判断对错的能力，你是否真的知道自己所知道的是正确的而对方是错误的，是否已经被平等对待了而你只是过多地揣测自己不被善待，你是否采取了主动沟通的方式去解决一致性问题，如果反复沟通之后没有结果，或者依然没有改变，那么跳槽的动机就是正确的。

看不到希望？通过自己的认知去简单看待公司的未来是不对的

在一个公司里，大多数员工是不知道公司核心战略的，只知晓公司的发展方向和阶段性发展目标，但偏偏很多自认高瞻远瞩的人喜欢琢磨公司的战略和市场定位、远期成功率等，而忽视了站在自我的角度去看舒适度、团队合作性、自我成长路径。第三方统计数据表明，绝大多数主动跳槽的人选择了一个理由来辞职，那就是公司没有发展前途。

每一个职场人的职业周期都有约30年，我们需要从一个更长的维度去思考你的个人发展，在这之前你首先要确认是否真的做好了职业发展的规划，倘若一年一跳那你的职业生涯会很短暂，也会一直遇到瓶颈，更好的判断是你选择一份你热爱的工作，全身心投入其中，在注重个人成长的同时，储备好自身的能力，同时关注组织的发展，随着团队和组织的发展提升自我。如若努力了却没有更好的升职机会或者没有被安排在更重要的岗位，可以在一个3年以上的周期且遇到一个更好的机会时选择被动地跳槽。总的来说，我不太鼓励主动跳槽，因为这样你会极其被动，且会让大多数面试官认为你不稳定，一个成熟的职场人，应该等着被人挖走。

如何判断公司是否成功？任何一家公司都无法在当下明确判断成败，但可以从几个维度去看公司是否成长，比如你的加薪是否得到认可，团队是否扩大，业务规模是否持续放大，公司是否在不同领域有新的突破，你身边比你优秀的人是否依然充满期待、依然在坚守。如果一家公司明明处于上升期，而你盲目地选择不看好并离开，那损失的是你自己。很多人跳槽了，才发现公司突然宣布融资，原来的下属顶替了自己的岗位，升职加薪了，还扩充了团队，公司突然变成行业的领头公司，而你再也回不去了。

对于公司发展的判断更多时候需要沟通，多和自己的上司沟通，多和重要岗位的同事学习公司的业务，这样对公司发展的预期会有更全面的了解。

自我发展最重要，跳与不跳其实不重要

在一个小组织一步一步成为核心人物和在一个大组织做一个小兵，哪个更好，我们往往很纠结，面临去和留的思考、老板的挽留、升职加薪的诱惑、未来的预期等，整体上就是一个性价比，如果性价比合适才选择去跳槽。

在离职谈判时需要顾及更多的是原来的团队是否有损失、你的老板是否支持，还有就是人力资源的规则，比如竞业限制、离职周期、背景调查、薪酬证明等，通常情况下都是基于四个字的原

则——“好聚好散”，一份工作没有必要最后弄得两败俱伤，如果你是领导，你有下属离职，你同样也希望是善意的，而不是闹得双方都不愉快。多一些真诚，多一些责任感，安排好接替者或者等待工作的完整交接，这样去了新的平台，背景调查也大多会比较好。

“山水总相逢”这几个字我想送给所有准备跳槽或者未来有跳槽意向的朋友，一个行业可以很大，一个圈子可以很小，如果你持续发展，越来越成熟，你会发现你在一个领域里面的口碑和人格总有一天会显现出来，所以，跳槽的时候多一些善意，跳槽会更加顺利。

三 跟对人、入对行还是进对门

一切的开始都隐藏着太多不由自己掌控的现实和未来。

农历甲午马年伊始，我在北京，寒风凛冽，老领导带着我去吃火锅——陕西火锅，他说是家乡的味道。有一段时间不见，老人家胡子长了，头发短了，显得有些憔悴不安，说是在琢磨新的项目，我听了一番，觉得很是难得。

期间谈起就业，谈起职业，谈起入对行、进对门、跟对人，记忆犹新。

一是人心易变。个个小年轻今儿蹬鼻子瞪眼地瞅着这个好，那个旺，没干几天说同学那边挣得多，那个行业有春天，闪着金色的光，一股脑，一溜烟，全都跑掉了。

没有谁天生就被注定了应该干什么行当、不应该干什么行当，大多数人在职场混久了，混出滋味了，才知道自己喜欢哪个行当，受哪个行当的福，才会开始爱上自己的行当。就此时而言，个个行当都是好行当，“三十六行，行行出状元”是古话，也是大实话。

二是潮流易变，趋势也在变，产业迭代更新越来越快，被洗牌被重建的企业都在作死地卖。

前些年都挤破脑袋往国企钻，今天说国企待遇不好要下岗，前几年电子商务被吹捧得不行，今儿个移动互联网热翻天。

所谓哪行好、哪行兴旺，每个人看法不一致，每个人追求不一致，新闻报道北大才子卖猪肉、回乡务农之类，我倒觉着挺好，科学地种种地、养养猪，兴趣使然，自由快哉，做好了，也有财。三十年河东，三十年河西，跨界整合也许更精彩，这话亚洲某富豪说过，很受青睐。

三是行业未来无法预知，也无须预知。

大多数时候，年轻人择业靠父母，而父母更多地习惯用已知判断未知，尤其二线、三线城市，特别是农村考学出来的孩子，祖上三代面朝黄土背朝天，一没电脑，二没网络，哪儿获取那么多资讯来判断当前哪个行业最厉害，有钱人多、职业稳定、发展势头突飞猛进?

我说，好好干活，闷头干好你的活，专注了，你就是个人精，哪行你都可以干得好。

当年的手机巨头MOTO如日中天，有多么厉害我就不用言语一一讲述了，单看现在的70后对那个年代的回忆之一，就是自己曾经用过多么厉害的MOTO手机，如998、V70、3188等。时至今日怎么样大家也都知道了，想必当时也没人预料到公认的高大上的代表企业今日在中国裁员殆尽，慢慢淡出了公众的视野。所以，我对那些所谓“虚伪”的经济学家，既同意又不同意，或许我仅活在当下。

大学毕业，初入职场，大多数人缺乏人生的规划意识，大多数人发现真正比拼的是理性、远见和执行力，大多数人开始迷茫，大多数人开始不安分。

如果胆子够大，心也够大，可以选择去更大的城市，大城市有更多的资源，大城市有更多的大公司、有更多的总部，有更多的机会遇见大人物、跟对人。最后，多想想未来，对下一代来说，相信赢在起跑线上这句话应该不假。

如果条件允许，倒可以选择一份自己喜欢的职业，一个人选择一份职业，首选薪酬待遇、福利、发展前景，但别忘了，开心工作其实更重要，钱可以少挣点，活可以多干点，心情愉悦是关键，每个人都有自己的优势，至少坐下来不慌。

如果机遇给力，倒可以选择大一点的企业。不管你进入哪个行业，但凡你进入的是这个行业的标杆企业，不管这个行业如何发展，该企业倒闭的概率还是比较低的，甚至低过中彩票。所以，你如果有机会可以选择，如果在一开始就能进入一家较有规模的企业，相对而言是比较好的。当然，这种机遇也是极其难得的，不可奢求，如果遇到了，这个选择或许能影响你一生。

如果眼睛给力，选择一家看起来像个企业的企业。企业有个企业的样，进公司门，一看正气大方，非残旧不堪。二看墙，公司发生的一切基本都在墙上，好人好事、业务进展，倘若墙上无二物，也无须惊慌，看看各间房是否收拾得当。三看人员，公司员工脸上要有笑容，人要有模有样。当然，如果你说我瞎扯淡，你大可不信，仰天长啸，拂手而去。

职场的大门、事业的门，门里有乾坤，门里亦有幻象。门里有不撞钟的和尚，门里有尔虞我诈的锋芒，门里有变幻莫测的铃铛声，门里还有每日喂饱你的便当。祝愿你能找到内心的屋檐，别上了虚伪的当，有空就掂量掂量自己最初的理想，不必慌张。别做金钱的奴隶，不要张狂，勿惆怅，不膨胀。

四 职场的准线

职场的准线存于内心，亦是每个人职场行事的信条。

2004年，我在厦门，在D公司，一家世界500强IT企业，一家有标准的企业，进入中国的第一站选择了厦门作为总部，D公司一直信奉的雇员信条是“winning the right way!”，也就是坚持做正确的事情。依靠这个信条，D公司最终成为世界IT巨头，其文化也深深伴随这家科技公司几十年。我在2016年创立老虎科技，就把我们公司团队的价值观定位为“赢之有道”。一个企业的文化是这个企业的灵魂，而作为一个个体，你个人所崇尚的理念、你追求的理想、你认可的人和事物、你的道德观、你的人格最终形成了你整个职业生涯的价值观体系，而这些价值观将成就与众不同的你，同时也将在职场永远伴随你。

每一家企业都有自己的风格，譬如选址、招人、往来生意，可以称之为企业的基因、企业的经营哲学。每一个人都有权利去成为自己，你擅长什么、喜恶什么，你修炼什么、坚持什么，你选择成为什么样的人，很大程度上决定了你与他人的不同。

中国画讲究平如“锥画沙”，圆如“折钗股”，留如“屋漏痕”，重如“高山坠石”，变如“百川归海”，这些算是技法的要求、作画的标准。南北朝时期著名人物画家和美术理论家谢赫著有《古画品录》，其为我国最早的绘画论著。谢赫提出中国绘画上的“六法”：气韵生动、骨法用笔、应物象形、随类赋彩、经营位置、传移摹写，这成为中国古代美术品评的标准和重要美学原则。

聪明的人总能找到一套自己的标准和方法来应对周遭发生的一切，我们把它称为处世哲学。每一个人的处世哲学都不相同，但在一个相对普遍的环境里，性格独立的人会被绝大多数人认为固执，不合群，这些其实都不重要，关键是你自己，这其中有一个助力词，叫做勇敢，敢于表现自己，敢于彰显自己，敢于做自己。到达马斯洛理论金字塔尖的一定是极少数人，这些人有自己的准则、自己的判断、自己的坚持和自己独到的哲学，无数经过验证、沉淀下来的优秀品质最后汇聚在一起，赋予你持续成长的能力，这必将成就独特的你、卓越的你。

华人首富李嘉诚办公室里最惹眼的，是清代儒将左宗棠题于江苏无锡梅园的诗句：“发上等愿，结中等缘，享下等福；择高处立，寻平处住，向宽处行。”这24个字，凝聚着深刻的人生哲理，而李嘉诚则将其视为自己的人生信条。同样，在职场中你也应该有属于自己的标准，每一条标准下都有一条下划线，我称之为职场的准线。职场的准线存于内心，亦是每个人职场行事的信条，多年来存于无数企业家的画框、经理人的桌面、优秀职场人士的心中，若隐若现，薪火相传，连绵不绝。

时常思考、回顾大多数成与败的过往，耳边回荡着职场前辈们的教导，总结起来，就是如果你注定要成为少数人，比如一个公司的CEO，路途上是极其孤独的，也是极其煎熬的。

风格从来都不是方法论，那些是“术”，只有明白了事物的本质，看到了人和事情的因，才会慢慢修炼出你的“道”，而这些“道”伴着你，成为你性格的一部分，你人格魅力的一部分，你能力的一部分，慢慢开始你被称为什么样的人，你的格局以及你的视野都来自此。在一个浮躁且普遍的群体中，我称自我的修炼为准线，具体说每个人的准线有多少条，我想肯定很多，但我所知道的大部分优秀职业经理人的人格品质大体具有这么几点：

正经做事，肮脏的勾当不能干

最近这些年，屡屡爆出不正当竞争的丑闻，大多与职场贿赂、内幕交易有关，屡禁不止，总有人去触碰这条准线，结果可想而知，有的人仰马翻，潜逃海外，还有的牢底坐穿。每个公司都有人有机会接触公司信息和机密，但凡把别人的劳动成果当成自己牟利工具的人，结局一般都不会好到哪里去。

恪守底线，不义之财不能贪

钱财固然重要，但也要取之有道，利用职位之便侵占公司利益不是君子所为，但这些人比比皆是，尤其那些吃了拿，拿了要，要了还要与公司人财物打交道的人，你可知对方对你深恶痛绝？还有一些利用自己掌控的资源与权力为别人谋取利益的人，银子一袋一袋收，良心一摸一个黑，不是公司不知道，终有一天事情会败露，你会人仰马翻。还有比银子更重要的东西，叫做人的尊严，叫做职场的道德。

正人君子，损人利己不能为

职场是场马拉松，职场是场登山比赛，不断有人向前跑，不断有人要往上爬，靠本事，靠成绩，靠努力奋斗，这无可厚非，但靠打压，靠诋毁，靠损害他人利益，踩着别人向上不可为。私利对于很多职场人来说都是一个大魔咒、一把利刃，一己私利永远都是短暂的，如同昙花一现，我坚信此点。有些人爱出风头，爱炫耀，爱靠打击别人来获得认同感，殊不知在伤害别人的同时也给自己埋下了腐朽的种子，不发芽则已，一发芽将成为众矢之的。名望有时也是多面的，建立在大多数人无语和沉默之上的名望只会是海市蜃楼，稍纵即逝。物质有时并不代表永恒，如果获得是靠掠夺或者占有别人无私奉献和辛苦付出的成果，那是罪恶的享受，最终会成为一场虚无的泡沫，一触就破。

拉帮结派是团伙，不是团队

职场是个大熔炉，各路人马各显神通，总有人觉着我不犯人，人家估计要犯我，我得赶紧加入一个团伙，而后堂而皇之到处宣扬，到处鼓吹，我们是铁一般的团队，我们是狼群，可否想过什么才是团队？团队是价值观一致、彼此协作、互相促进、共同进步，创造的价值远远高于个体的价值；而团伙则是天天抱成一团，互相包庇，彼此照应，互不揭短，同流合污。有人会说，环境所逼，形势所迫，被逼站队咋办？选择你认可的，坚持你坚持的，公司的价值大于个人成败的价值，公司的利益大于个人的私利，这个方向肯定没有错，职场不一定非要站队方能活，跟着别人站队，只能成为附属品，被人利用、招人诟病，不如自强自立，认清自己的路，记住，清者自清，浊者自浊。

职场中，诚信是一面镜子

在今日，良好的职业形象和口碑显得尤为重要，就如银行的征信系统一样，诚信和职业道德将成为你职场的通行证，是你的王牌！据说罗斯福有一次不得已开除了他的农场主，原因是那位农场主偷了他邻居家的一些牛，然后把它们放到了罗斯福的牛群中，当罗斯福问起时，他还得意地在其面前邀功。当别人询问罗斯福为什么要这么做时，罗斯福回答："今天他为我偷东西，终有一天，他也会从我这里偷走东西。"

有些人为了一时的利益，背弃自己的信仰，抛离自己的责任，伤害自己的团队，去造假，去说谎，要知道，心存侥幸的心态只会带来短期的运气，不会持久，不可复制。职场中，必须信守承诺，尊重合约精神，彼此往来要光明正大，答应别人的事，一定要记得办，办不到的事情，别往自己身上揽，记住，承诺值千金，营私舞弊要当心。

在这些准线之上，是你的认知深度，就像众多习武之人知道了套路和招式，但每个习武之人的内力却不尽相同，人与人的差异亦是如此。职场是江湖，要么成为侠客掌门，要么沦落为山野莽夫，无数人在此欢笑、哭泣、寻找、迷惘、收获、失去，活着追梦或者无味地离场。江湖中一直流传着江湖的规矩，职场亦如是，打一份工、收一份银子就像镖局接一单生意，不容有闪失。要修炼一门独门绝技，叱咤江湖，着实不易，认知的选择极其重要，就好像你要学习哪个门派的功夫，最强的认知是自我的认知、经过修炼的认知，就好像最强的功夫是集合他家的长处独创出来的功夫。你的独门武艺是什么我不知道，但绝不会是拿来主义，他人的秘籍你总是只能看到表面，就好像市场上那些所谓成功人士的所谓道理和方法，那不是属于你的。认知的差异不是简单的知道或者不知道，而是需要懂得去选择认知；认知的深度不是简单的时间训练，而是要不断地去检验、试错、总结、沉淀，如此才会形成自己的深刻认知。我相信你总会慢慢发现适合自己的一本认知秘籍，秘籍中会有很多的招式，这些招式对人对事、对外对内都很管用，招招制敌，只要持续修炼，慢慢开始习惯，最终会成为属于你的印记，不轻易改变，不受到侵扰，游刃有余，拿捏有道，那么恭喜你，你已成为独特的自己。

在职场中，别指望自己能做到像雪花一样雪白，但至少可以洁身自好，不随大流。综上所述，以此为准线，如此为之，久而久之，终有一时，你会发现你慢慢开始变得与众不同，你慢慢开始独立思考、独立判断，知道分对错，明是非，决方向，断舍离！你慢慢会开始成为独特且傲立的那一个。终有一日，你会感激你的过往，感激你的坚持，感激你的与众不同，你的信仰依然会在，你会成为一个为自己喝彩和骄傲的人，一个内心自由的人，一个脱离了低级趣味，奋发向上且独特的人。

PART4

修炼青春

你要逼自己优秀，然后高贵而坚定地活着

我们总在挥洒自己的青春，不遗余力，我们试图让自己放纵叛逆，无所顾忌，但心依然向往那遥远的地方，因为梦就在那里。

一 如何把你的青春过成一场盛宴

对于绝大多数年轻人来说，常常内观绝不是一个习惯，当然，这也不是一件容易的事情。当有一天，你真的上了年纪，蓦然回首时，你会发现，原来自己没有逼过自己，你会惊讶地发现命运是如此神奇，如此注定，你会清晰地看到你的职业轨迹，如果你从来没有动摇过你的决心，骄傲且坚定，你会感谢曾经的自己，愈发自信，随之敬仰生命，敬畏未来。

你凭什么敲开另一个世界的大门

我为自己贴上一张高大上的标签，步入另外一个充斥着金钱、欲望、争斗、风骚、梦想、杂乱人际关系的琳琅世界。

那年夏天，长沙的天气异乎寻常，这个号称“造星之城”的内地二线城市就像炉子上烧开的响壶，咕噜咕噜作响，仿佛就要炸开锅似的，焦灼难耐。树叶挂着尘土在枝上打着卷，枝条一动也不动，平和堂商店墙上的有机玻璃招牌似乎都快要晒化了。

这场热已经持续好几周了，路上行人寥寥无几，我走在五一大道上，身上的汗刚冒出来就被烤干了，变成碎碎的盐巴在身上打滚，用手一摸，有点黏，还伴随着一股发酵的味道。

似雾非雾的热气扑面而来，我赶紧加快了步伐，心想，快了，快了，拐个弯应该就到了，至少地图上是这么标的，如果标错了，我也没有办法，谁叫咱接完电话出门都忘了问人一声呢。

当我疾步走进一栋大厦，开始飞闪进电梯的时候，才终于吁了一口气。要不是毕业生的身份提醒我，我似乎都忘了我早已准备好的开口词，于是心里开始默默地念着。

电梯已经直上7楼，“叮”的一声，停了下来，我赶紧跨步而出，稍微迟疑了一下，眼睛就开始死死盯着每个门框上面的字母牌，边走边数，边数边念，02？02到底在哪里？继续朝前走，到了，一块招牌映入眼帘，大大的M标格外耀眼。

我终日魂牵梦绕，翘首以盼了好几个月，如今它终于出现在我眼前，显得不再神秘。我开始想象从我跨入这扇玻璃门开始，我便将不再是一个完全沉浸于校园的学生，我即将为自己贴上一张高大上的标签，步入另外一个充斥着金钱、欲望、争斗、风骚、梦想、杂乱人际关系的琳琅世界。就这样，我的校园游梦正式宣告完结，随即开始了我真挚而执着一生的职业之旅，漫长而悠远，起伏而无常，有欢笑、有泪水，有满足、有不羁，有幽怨、有血泪……

我使劲让自己冷静下来，但小心脏似乎不太受控制，开始急剧地跳动，汗水止不住从额头上流下来。

我狠狠吸了一口气，开始走到门前敲击起来。透过玻璃门，我看到前台有个小姑娘正坐着，眼睛盯着屏幕，屏幕上一闪一闪，想必不是在看淘宝就是QQ。听到敲门声，她起身的一刹那，估计脑子里浮现的关于我的第一个印象是，一个穷小子，有门铃也不按。

她不慌不忙地走过来，右手使劲一扯，门被拉开了。

“先生，有事吗？”

“我是来报到的，我找Mike。”

“哦，哦，你就是××吧？进来吧。Mike一早有交代，你跟我过来吧。”

说着，小姑娘在门边饮水机倒了一杯水，递了过来。我接过来，一口喝干，汗顺着额头、脸颊、脖子、头发流了下来，整个人乱七八糟的。

小姑娘一脸微笑，等我杯子一放，立刻带着我朝右边的一间办公室走去。

“这边，跟着我。”

我稍微整了整衣服，停顿了一下，快走两步紧跟着她，眼睛顺道斜视了一下办公区，不大，10多个位置，但似乎每个人都在低着头，整个办公区显得很静，异乎寻常地静，连一根针掉下似乎都会引起警觉。我尽量控制自己的走路声，生怕惊扰了某人然后突然朝我投掷一个恶煞的眼神。没走几步，就已经到了。

小姑娘轻敲两下，推门进去，打了一声招呼之后就转身离开了。

找到让你心安的人生导师

训导、教化一个人是一个极其辛苦和自我救赎的过程。

我转身轻轻地找了个位置坐了下来，集中精神打量起眼前这个人，他清瘦，皮肤黝黑，嘴叼一支万宝路香烟，使劲地敲击着面前的键盘。他穿着一件浅蓝的长袖衬衣，衣袖挽到了手腕处，显得有些精干，至少我当时这么觉得。

虽然他笑容不多，话很少，看起来较为死板和不近人情，但他为人随和，内心极其平静，貌似能开花，花落一地。

他偶尔大声喊话，偶尔拍着掌鼓动大家，更多的时间他喜欢一个人呆在房里。不管怎样，他给人的印象总是善于整理些什么、感慨些什么，脑子里有倒不尽的想法。

他尤其喜欢找人聊天，呆在屋里，使劲地聊，没完没了地聊，当时我就纳闷，这样说话不累吗？现在终于明白过来，训导、教化一个人是一个极其辛苦和自我救赎的过程，听的人不懂，一遍，两遍，三遍，心如刀绞但依旧面若桃花，直到听的人懂了，打心里懂了，讲的人也就超脱了，解脱的脱。

他就是Mike，我职场中的第一位导师。后来走到很多其他地方，我都会跟我身边亲近的人谈起他。他不断引领我、教导我该怎样去做事，怀着一种怎样的态度去做事，这种做事的态度如今依然伴随着我，让我心安。

人生第一次投资，就是入职

这是我第一次投资，赌本下得很大，这次或许将赌上我的一生，所以我必须赢。

在M公司的几年较为辛苦，太多的事情要做，也感觉永远做不完，如何做好事、如何最快最准最好地完成你的工作，如何在每个岗位都把活做得漂亮也是一门学问，这关乎无数方法。

但我刚入职场想的第一件事不是方法，而是我要在这里获取什么。

我费尽九牛二虎之力，寒窗苦读十几年，打败了无数竞争者，面试时甚至花了血本，花1000多元买了套G2000，我好不容易来到了这里，我必须要获取我的投资回报，后来我把这套东西总结为“职业投资”。

每个人做每件事、入每家公司都有各种奇怪的诉求，求财、求机会、求镀金、求跳板、求婚姻、求导师、求轻松……但凡你进入一个公司，从你入职那天起，你就算开始了投资，就跟买股票一样，相当于你每天买一点，最后是赚了还是赔了，只有你自己知道。所以，打我进入这家公司的第一天起，我就想着我要挣回来，我要注意风险，因为这是我第一次投资，赌本下得很大，这次或许将赌上我的一生，所以我必须赢。这是我给自己的底线，这或许跟我从小伴随老妈开餐馆、从小就被这种做买卖的意识熏陶有关系吧。

每个月发工资，我都会算算我挣了多少，我的付出是否有了相对应的回报。当然，那个时候，我算的最多的是精力，就是我每天都很晚才走，每月都相当勤奋，我的收入是否在增加。后来我发现我错了，错得一塌糊涂。

挥洒你的青春，心怀远方

我试图挥洒我的青春，不遗余力，可我依然志在远方。

当时我好像神一般地认为自己拥有用不完的精力，很是奇怪，要搁现在，一早趴下，撂摊子了。

在M公司出差是一件再普通不过的事了，一个月至少有一半的时间是在外地度过的。出差有很多事，跟代理商吃吃喝喝啊，走走市场啊，开开会啊，更多的还是核对各个办事处的销量情况，当然，我们往往是业绩第一。

也许真是时机的问题，不管你怎么做，不管你有没有谱，月底一定是超额完成，季度一定是区域第一，我把它归结为品牌的效应。那个时候，我们是当之无愧的老大，在哪里都说得起话，给代理商一个眼神，绝不敢不招架，老老实实候着，等着你训话，谁叫咱产品强势，还是个高大上的全球500强呢！总之，在外办事还是说得起话来的。

在M公司的几年也是我这职业生涯收获最多的几年，在那里，我体会到了职业是一种精神，这种精神，无关执着拼命，而是来自一种信仰，对自己和未来的信仰。这就是我的开始，一个有志青年懵懂的开始。

我试图挥洒我的青春，不遗余力，可我依然志在远方。

在一个栀子花开的季节，我选择了离开，离开这个曾经载满我无数懵懂和梦开始的地方。我选择去远方，去远方找寻心中那个开启我事业盛宴的地方，那里有大海，有梦想，还有陪伴我一生的姑娘。

二 普通人的工作是为了什么

你为谁而活，你为什么要工作？

这个问题，伟大的哲学家海德格尔回答过，说人要诗意地栖居在大地上，向死而生；《罗辑思维》里面也阐述过，说人，一个活着的人，大多为了成就感而活。

人有很多种活法，每个人活着都有不同的目的，各自存在也有各自存在的价值，而大多数城市人，在城市里面奔波的人，都无可奈何地要工作，你可以没有配偶，没有房子，没有车子，但你不能没有工作，既然躲也躲不开，那就只能默默接受。

办公室有个戏精，我默默看着你装X

谁没遇到个积极抢你功劳的人。

刚认识小谈那会，他刚毕业，加入公司时间也不长，也就一个多月，可能因为他坐我对面的缘故，每到午饭时间，他都习惯性地喊我一起。

“Louis，今天中午想吃什么啊？”

“……”

“Louis大哥，叫你呢，中午吃什么？”

“哦……随便……”

“你想吃什么告诉我，我提前选好去哪家。”

“……”

“到底想吃啥啊，还没想好啊？”

“啊？不好意思，还有点事情没忙完……随便吧。”

“中午饭，哪能随便啊，不吃饭下午哪有力气上班？”

“你定吧……真的随便。”

“好吧，好吧，你先忙吧……哎，咋总是这么忙啊你……人是铁，饭是钢，一顿不吃饿得慌……再拼命也得吃完饭再干活啊……难怪时常喊胃不舒服，一个活生生的人，咋就不记得吃饭呢，真不知道咋想的……身体第一哦，吃饱肚子才重要哦……”

他一边不停嘟囔着，一边拿起他的电话，开始他一日最得意最自在的时刻。

“喂，是××餐厅吗？我要……我跟你说哦，我是每天来的那个……菜新鲜吧……一定要留好位置哦，不然……好吧，记得哦，我很快就来了，放心……”

一般情况下，说到这里，我已经开始想象我手中握着一把苍蝇拍了，使劲、有力地拍下去，嘴里念着：“我叫你吃，吃，我叫你只记得吃……”当然，这一切都是假设，也仅仅只是假设而已，虽然他就像《大话西游》里面的唐僧，好烦，但是，你懂的，到最后，我往往依然会选择跟他一起下楼。这或许可以归结为食物的魅力，但我更愿意去相信，对于一个刚入社会开始工作的年轻人来说，工作或许就是为了先简单地填饱肚子。

回想在我刚刚步入第一家公司，知道工资是指将脑力、体力、时间给别人自由使用一个月的报酬的时候，我差不多也就只有接近1000元的工资。1000元能干什么？这么说吧，那个时候可以付两个月的房租，也可以买一台还算时髦的手机，还可以喝三顿酒，可以买一身衣服。但那时我是极其不会算账的，和大多数年轻人一样，基本月光，也绝不会存钱，每个月的工资也就刚好够吃饭、租一间房，喝一顿酒、抽几包烟、看几场一个人的电影，仅此而已。

我每日辛勤工作，卖命地工作，见人堆笑脸，走路几乎都是跑步，日复一日地上班，在办公室努力地打转，臆想能多拿点奖金。

我那时候有个工作上的爱好，就是研究报表。每每遇到部门有要做的报表，大家总喜欢丢给我，我也乐此不疲，久而久之，我几乎兼做了数据统计员的活了。大家知道，做报表是件很费神的事情，CTRL+C，CTRL+V，外加一堆的加减乘除和各种透视表；做报表也是件很费时间的事情，不容许出错，一个都不可以，所以往往做完了就要一个一个核对，如果加错了，又要一个一个查找。总之，我慢慢地变成我们部门最后一个下班，慢慢地变成公司最后一个下班。

我们部门有个胖子，真的有点胖，他外表憨厚，但做事拖拉，是大家公认的拖后腿的奇葩。但自从有一次周会后，大家对他的印象彻底改观了。那次老板开完周会，交代完所有该交代的事情后，特意拖长了5分钟，用极其美妙的语言赞赏了胖同事的工作表现和职业素养，尤其提到了克己利人、勤奋执着、无私奉献等让人听了心里乐开花的词，当大家附和着老板报以雷鸣般掌声的同时，亦一头雾水，满身鸡皮疙瘩。

当然，事实是，每当我加班做完报表发给部门每一个同事的时候，他总会单独拟一份独自发给老板，这些我也是直到后来很久才知道的，因为根本无暇去猜想，因为简单的工作就是这些，吃饭、睡觉，无他。

让人念念不忘的神奇故事与神奇的人

这里每日不停上演很多的故事，就如同神奇的地铁月台，列车一辆一辆，匆匆过往，不住心房。

那个年代，D公司在任何有IT情结的青年心中，都如一座潘多拉神殿，魅力无边；如大海上的一座灯塔，神秘而高大。

由于好奇心作怪，一个偶然的机会让我有机会选择了自我，我去到了厦门，开始走进那家成名于美国得克萨斯州的世界500强企业，全球最伟大的IT直销企业。

愿你的职场写出来都是神奇的故事

从走进这座坐落于厦门高崎机场附近的美式大楼开始，好的、坏的、乱的、杂的、惊魂的、恶心的、美妙的，当然更多的是神奇的故事灌入我耳，扰我凡心。比如D公司个人业务事业部总有电话销售打电话打着打着就面瘫，比如公司无处不设监控，上厕所头顶都布了针孔监视，再比如有些员工坐在位置上也不知道为什么就会被保安驾着离开，等等。

也就是在那个青春激昂的年代，我认识了我此生最好的兄弟之一，Andy Liu。

Andy跟我同一个部门，他长得极其不出众，基本属于放在马路上的人群中，可以忽略不计的那种。

Andy不是神童，但他总有神一般的秘籍，比如有一次，Andy找我吃饭，突然把我拉到一边，悄悄对我说："我刚下了一个5000台S&P（指第三方设备）的单，M为零，你信吗？"

我突然从椅子上弹跳起来，大声说道："不可能！"（这里有一些夸张的肢体动作就不一一赘述了。）

"不可能！"

"不可能！"

我连续说了三遍。

要知道，在D公司历史上是没有超过100台S&P以M为零出现在同一个订单上的，而他打破了历史纪录并提高了50倍，请记住，是50倍。

他一把拉住我，随即做了一个夸张的"嘘……"的手势。

"我说的是真的，是真的，你别大惊小怪，不信你明天去看Report。"他轻声说道，很诚恳的样子，眼睛不停张望着四周，好像生怕别人发现的样子。

"无所谓啊，正好让同事们见识下你这风云人物，多好啊。"

他连忙摆手："别……真的别……你知道就行了，千万别到处说啊，你知道的，我不喜欢……"这真的就是他，一点没变，是我了解的Andy，他总是如此，只顾谦卑做事，仔细做事，时而惊喜，时而神秘、低调且诚恳。

"好吧，好吧，我不说行了吧，你得赶紧教我一下，让我学习学习你这高人是如何办到的！"我认真说道。

他继续狠狠拽住我的手，然后开始给我讲他是如何拥有这个销售神技的，大概有30分钟的样子，中间我能做的，也就是老老实实当个认真的听众，时而露出崇拜偶像的神情以及不停附和，虽然到了最后，我听不太懂，只是听个大概，例如什么专业系统也会犯错啊，A与C置换啊，多次备份存储啊之类的专业术语一大堆，但总之他还是做到了。Andy即是如此，对待自己想做的事情，一直如此。

Andy也就是在那时，开始暗恋上了Lily。Lily是我们部门，我们事业部，乃至我们公司的大美女，长着两条长长的腿，笔直，雪白，说是与李冰冰比肩，一点也不浮夸。当然，重中之重，比身材更重要的是，Lily也同是我们的死党，这点特别重要。

我们一群死党，都来自异乡，每个周末，甚至每天下班，我们都会聚集在一起，吃饭，喝茶，唱歌，散步，在环岛路骑骑单车，在日月谷泡泡温泉，偶尔去厦大门口看妹子打时间，有时也在莲花酒吧喝多了各种犯浑；遇到烦心事儿了，就去南普陀拜观音；思想野了，就跑去鼓浪屿吹太平洋的风。

后来，友谊的小船慢慢开始升级为游轮，我们一起奋斗，不再堕落，也不再犯浑，我们坐在前埔的海边沙滩上集体思考人生。再后来，Lily自然而然成了Andy的新娘，而我也遇到了我人生中最难得的糟糠，当然更重要的是，我们相互依偎，共同成长，一起经历成百上千个日夜，集体度过了一段动人的青春时光。

D公司每季度都有季度会，规模很大，有几千人，在季度会上每次都有抽奖，有抽到好多台笔记本打车回去的，也有抽到宝马汽车直接开走的。有时候想，这等神奇之事何日落到我头上，我必仰天长啸，直接在环岛路裸奔十个来回，以聊表D公司对我的大恩大德，当然也只是想想而已。

D公司会经常发东西，各种各样，千奇百怪，各种场合发各种东西，当然也包括大钞。直至今日还有人问我：“D公司是不是每次培训都发吃的？”

多少人在此失去，多少人也在此圆梦，多少人离开此地却满含泪水，多少人在此折戟，又有多少人依然停留在这里。

长得像韩剧欧巴的小伙子在这里找到了像鲜花一样的姑娘，南方来的时尚青年学会了闽南语，莲花路上的咖啡馆终于转让给了火辣辣的湖南姑娘……

办公室里，人来人往，有收获，有失意，有惊喜，有感动，有失去，也有梦想，这里每日不停上演很多的故事，就如同神奇的地铁月台，列车一辆一辆，匆匆过往，不住心房。

愿你也能抗住精神、肉体、灵魂的多重考验

据说D公司销售的平均寿命（在职期）是7个月，在新招来的员工中，大概只有10%的人能坚持到最后，被老板留下来成为核心员工。这10%中没有我，无从考证其中的秘密，也许只有这10%的人知道。

其实这些不重要。从进入我的部门开始，每隔一段时间，我身边总会出现新的面孔。人走人留倒没啥事，关键是记住每个人的名字就变成了一件很有挑战性的脑力活。不知道是不是那时留下的后遗症，反正到现在记人名依然是我的一大障碍，久而久之，习惯了，也就适应了。

最后能抗住精神、肉体、灵魂的多重考验而坚持下来的人，一定是最能适应D公司价值观的人。他们不但对D公司的文化坚信不疑，而且也是竞争对手无法用金钱挖走的，比如Pansy就是其中之一。

在D公司，我的老板叫Lisa，她有着长长的卷发，举止灵动而优雅。

Lisa爱思考，总是一个人发呆，每当季度初的清晨，大家都心情愉悦的时候，她脸上就开始露出幽怨而迷茫的表情，但一会又开始浅笑，阴晴不定，使人捉摸不透。每每此时，总弄得我们部门的人神经兮兮，怕突然变出点啥，个个都紧张得要命。

有一阵子，她早上总习惯带上一个苹果，搞得大家都怀疑她在节食，再瘦下去估计人都没有影子了。我坐在她隔壁的位置，时而好奇地偷看她桌子上的篓子，总希望能察觉出点蛛丝马迹。于是，有一日终被她问到：你不停盯着看我桌子干吗？待我告知她我的疑惑后，她哭笑不得，说这叫保持一种状态，以后你就知道了。我呆呆地站在那里，敷衍着使劲点头，现在想想，其实当时也就是假装听懂了而已。

这个道理，我直到现在才开始真正领悟出来，原来那叫一种平衡，心态的平衡。有时它来得比其他一切都更加重要，来得比一切都要实际，有的人能因此走得很远，有的人也会在此一蹶不振。

听说Lisa后来很快跳槽去了思科，没多久又去了一家更大的外企，一级一级往上爬，职位一天比一天高，日子也一天比一天过得好，我甚是欣慰，也很欣赏。

那些喝星巴克的人是怎么炼成的

我没有成为传奇，可我和你一起喝过星巴克。

很久以后，我开始学会如何规划我的职业生涯，如何有效地管理我的工作和时间，如何能在有限的资源下做出相对厉害的成绩。这些都是书本上没有的，嘴上也没有的，心里才有的。

Lisa问我：你在这里渴望什么？我笑而不答。她问：你喝星巴克吗？希望有一天，我们坐在一起喝星巴克。

那段时光也是刻骨铭心的，有次加班太晚太累，突发急性肠胃炎，晕倒过去，醒来后发现周边都是可爱的人，我第一时间就是找我的钱包，才知道是的士师傅给我挂了号，通知大家过来后默默离开。我猛然发现我土了，我狭隘了，我卑鄙了，我想找个地洞钻进去，然后我又发现我是那么洒脱，我承认我依旧还是个俗人。

尽管那是我职业生涯中最忙碌的时光，但我觉得很充实。有时候你可以埋怨玫瑰带刺，你也可以庆幸它依旧能开出艳丽的花儿。面对工作和生活，我始终想着太阳，因为那样才有光亮。我始终按照我的步调在前行，我开始学会掌控我的内心。不管是嬉笑、怒骂或安抚，我都试图累积成温柔的河床。我能把我所有负面的情绪都丢进我内心湍急的河流之中，如此我的压力与困惑就能了结，而我，终能重见阳光。

终于有一天，我决定离开厦门，我叫上Lisa去喝咖啡，喝星巴克，我们坐在鼓浪屿上，迎着海风，我开始冥想……

我开始想象，在某些我看不到，也不能预知的未来，我这条到处游泳的鱼儿终将进入另一条河，然后，又再游入另一条，直至有一天，奔向自己向往的大海。

而Lisa永远不会知道，我来到厦门的梦想，没有幻化成一套房子，也没能成为金钱，而是幻化成了我内心的勇敢：勇敢向前，勇敢拼搏，勇敢追寻我的理想和渴望。这一切远比星巴克咖啡的故事更加真切，而我会永远记得，曾有那么一天，我为和她一起喝星巴克而感动流泪。

为什么我叫你一定要北上

给你逮着机会，你就北上，好过没上。

有些时候，你不得不去往上爬，这是宿命。“人往高处走，水往低处流”这句话害了一波又一波的年轻人，平淡、稳定、不争不求、内心安宁、不害怕、不担心，这么美好的人生境界又有谁能真的领悟？

至少那个时候我也无法看到，无法感触，证明我境界不够高，也说明了我为什么要攀高。

倘若我那时真能看到，是否现在也依然执着，依然活得洒脱，这些都不得而知，因为没有倘若。

此次，诗意一点：为了追求。

为了追求，我选择了北上，北上追寻我人生的导师，北上攀登我职业的高点，北上寻找当年被我遗忘在校园的京城梦，北上发现我心深处珍藏的紫禁城，当然，北京还有小科。

小科是我的老同事，也是曾经一起打拼的老兄弟。小科是典型的福建人，不光有海岛民族的简单清爽，也有闽商骨子里那一直传承的缜密精明。面观其温文尔雅，慢条斯理，身板还略显瘦弱，但其实这些都是表象，他行事敏捷且相当有效率。

在北京，有雾霾，风沙也大。长安居，人不易。如今很多媒体定义：不宜居。

我倒认为磨炼久了，将来兴许移居月球的适应力还是很强的。但凡没在北京待过的南方人初到北京应该都很抓狂，主要是因为在北方和在南方的生理感受基本是颠倒的。北方干冷，南方湿热，一般南方人在北京都扛不住“北京三道坎”：干燥、鼻血和刺骨的冷。当然，体格较为粗壮的除外。

北京的房子都是封闭的，像极了积木盒子，灰溜溜的，不太具有美感。

北京到底有啥吸引力？

北京有不一样的东西，我称之为北京见识。这玩意跟钱扯不上关系，跟社会地位也扯不上关系，它跟你是否在北京待过有关系。这也是北京赋予每一个游走于这个大城市的人最丰厚的礼物。

北京有太多世界500强的中国总部，北京有高薪酬的好工作，北京有创新，北京有很多投行，北京有互联网，北京有思潮，北京有高房价，北京有东直门立交，北京有798艺术区，北京有的士大哥，北京有京腔，北京还有俏江南。

在北京，你总能遇见牛人，你总能感受新知，你总有机会与大拿碰撞思想，没准挤地铁遇见周鸿祎出来散心，五彩城逛街碰巧遇见雷军，行业聚会遇见李彦宏，保准你开心。

在北京，你周遭的人都在谈论创业，谈商业模式，谈融资，谈收购，谈论互联网的未来，谈论产业格局，谈论各种联网、各种云，谈论大数据，谈论人工智能，谈论移动网络的未来，这一切的一切都是你的见识，你在北京的见识。

见识能决定很多东西，关键时候，还能左右你的命运。所以，年轻人，你也可以北上，跟数以万计的寻梦人一样北上，跟无数北漂一族一样北上。北京，蕴藏了太多的机会；北京，有很多种遇见的可能。

如果有机会，你就北上。如果没有机会创造机会也可以北上。跟学功夫要先和别人打一架一样，跟来一次说走就走的旅行要先准备钱一样，跟总是和好哥们一起喝醉酒闹街一样，如果有，给你逮着机会，你就北上，好过没上。

真是抱歉，大企业没有你想的那么惨

等一切都消停了，自然了，顺了，你就开始慢慢地捋自己，接着你就会发现你的差距。

很多职场人心中都有一个梦，一个进入大企业的梦，一个在大企业做高管的梦。当我无意闯进这家中国最大、市值最高的互联网公司的时候，我那时还不知道高管的具体定义。

大公司就是个庞大的组织，错综复杂，但凡有组织就有聚集，就有交互，你一个人成不了组织，你只是组织的一分子，当你是这个组织的领导的时候，你在组织中成就了他人，也就成就了自己。

大公司，有它不一样的地方。首先，你身边开始出现无数个部门，就好比你平时下楼去士多店买东西，这下突然到了一个农贸市场，你傻眼了，慌了，你会发现，人多了，事儿自然也就多了。当各种人带着各种事缠绕在你面前的时候，你懵了，如同一头扎进待捋的渔网中，毫无头绪，焦乱如麻。但凡事都有个开始，慢慢地，你开始学会捋线，随即捋事、捋人，等一切都消停了，自然了，顺了，你就开始慢慢地捋自己，捋着捋着你就会发现你的差距，你的毛病，你的短板，慢慢地，你开始修正，开始学会完善自我。

时间久了，你会发现，办事效率提高多了，做人圆滑多了，头脑清醒多了，说话利索多了，脑子好使多了，走路也轻快多了。

行动是你在职场最好的春药

想做一方诸侯的成功了，想转行媒体的如愿了，想转战金融的混进去了，想进衙门拿铁饭碗的也搞到手了，挺好，欣慰。

“人之患，在好为人师。”

想想常在江湖混，哪能没有几门兄弟，“喊打喊杀”咱也有人，于是就想起育人这事。可为师这事又特烦人，每个人资质不一，另外为人师表难上加难，我暂且独善吾身，而后方能及人。为师，不够资格。

但又总会遇见几个欣赏的同学三番讨教，那我就顺水推舟，如其所愿。

有天，老黄来找我，说了一堆心里话，大概意思就是出来混了七八年了，一直干销售，带团队，何时才是个头？说白了，就是想当领导了。我听了很欣慰，这厮算是跨越了，终于到了知道自己要什么的时候了。

不是每个人都很清楚自己到底要什么，悟通一件事不容易，取决于年龄、知识、经验，需要见识积累到一定程度；取决于心境平和。当你有一天一觉醒来，明确知道自己要什么，又想去逐步实现的时候，说明你真的明白了。诸葛老先生的“非淡泊无以明志，非宁静无以致远”，大致亦是如此。

后来，想做一方诸侯的成功了，想转行媒体的如愿了，想转战金融的混进去了，想进衙门拿铁饭碗的也搞到手了，挺好，欣慰。

人生最曼妙的风景，竟是回归自我

回归自我，工作是为了安抚内心的魔怪。

当新房已装修，孩子已落地，当木棉花儿开得正艳的时候，我回到了广州。

不是矫情，不是装模作样，我开始感觉时间越来越少，我开始意识到自己正在慢慢变老，公司里一眼望去都是90后了，我想是时候想想我自个儿的事了。

我承认我是一个命运纠结体，遇上自个儿的事总是各种拧巴，媳妇说这是双子座和金牛座的双座性格带来的后遗症，以致在过去的很长一段时间里，我都在纠结留在北京还是待在广州，要职位、钞票还是要家庭、孩子，要名利还是要没出息，终究还是孩子让我选择了后者。也好，不再拧巴，不然会纠结至死。

类似此类纠结的事还有很多，比如睡觉前一定要起来关一次门，上一次厕所；比如想找个东西又找不到，我会翻箱倒柜，百般不爽，直至找到。媳妇每每在一旁傻笑，笑我整天折腾，过于焦虑。

生命不止，折腾不止。职业有如人生，总有波折，总有起伏，总有折腾，人不能一路直上，那样累，耗神气，偶尔停下来歇歇脚，反躬自省。因为焦虑所以寻求静穆，因为愤激所以寻求淡远。

李想说：我懂你。老罗说：你终究还是找到了自己，挺好。问君何能尔？心远地自偏。我说我真想做回我自己，读几本书，见几个人，沏一壶好茶，好好服侍家里的娃，望一湖秋水，作几首诗，不担心，不害怕。

“我们曾如此渴望命运的波澜，到最后才发现：人生最曼妙的风景，竟是内心的淡定与从容……我们曾如此期盼外界的认可，到最后才知道：世界是自己的，与他人毫无关系。”（杨绛《一百岁感言》）

PART5

优雅心态

信仰就是你美好生活的光辉

没有了信仰，你和一条咸鱼有什么区别?

一 你可以什么都没有，但你必须要有信仰

在我内心，依然有一种美好，它高贵而不受惊扰，不管经历多少，它绝不会磨灭衰老，它不偏不随，它就在前方，引我向往，给我希望，我称之为：信仰。

初夏的清晨，收音机响着音乐，微风吹拂着，我开车经过中山大道，路边拥挤的人群在匆忙赶路，我看到了慌张，看到了迷茫，也似乎看到了我的彼岸。每个人都似乎在追寻一切，可似乎都没有找到，他们或许需要的只是一个角落去思考。而我还在寻找我的生活，在未来，面朝大海，春暖花开。

除了信仰，我们什么都没有

We are nothing without belief!

有一次，大家在激烈地探讨组织的未来，在谈及事业的方向时，我深刻地感受到，在这种紧密的团队背后，深藏的应该就是所谓的文化，其有共同的价值观，能汇聚集体的信念，还能建立牢靠的信任感。麦肯锡顾问Allan Kennedy在其著作《企业文化——现代企业精神支柱》中说到，每个企业或者每个组织都有一种文化。我坚信这一点。

后来，当大家谈到困境，谈到现实，老赵突然起身，说了一句："我们现在什么都没有，你们难道不觉得吗？"

第二天，我看到，在一楼办公区的正墙上，出现了一幅字，很工整："We are nothing without belief！（除了信仰我们什么都没有！）"

讲真，你认真做这份工作的样子真性感

敬业就一定会有事业，敢拼就一定有未来。

有一次我去香港办事，老朋友kelly请我吃饭。kelly是一个离异的女子，四十岁左右的香港人，带着一个刚入青春期的女儿。

每每到香港要涉及很多事情，有一些还是老婆特别交代极其重要的事情，时间安排、先后次序、路线图等准备起来要求甚高，不容出错。由于情况随时可能发生变化，为了确保准确无误，kelly一遍遍地帮我电话联系、确认，不厌其烦。每每挂电话，她总会习惯地说“谢谢”或“麻烦了”之类的话，更令我惊喜的是，她在我还未正式到之前，已经提前帮我做好了地址清单，这样我心里就感到踏实很多。

早年也有机会曾与一些香港人共事，他们给我的整体印象是，香港人对待工作会有一种发自内心的热情，不做作。同时也有“我会打好呢份工（我会打好这份工）”的认真和负责，一般对待工作不会太多地抱怨做多了还是做少了，不发牢骚。

香港人能侃，但不能流利地用普通话交流，这会让很多人与香港人沟通的时候感到不舒服。但这种不懂却敢于尝试的态度，即是一种坦诚与认真。

香港人工作的认真和敬业，虽然和日本人比起来也许有些不足，但也值得细细品味，认真称道。

Kelly做移民业务，也做金融和投资业务，她如机器般忙碌，对工作热忱且执着，对未来充满憧憬，对“我会打好呢份工”这七字的崇拜和尊敬，如同她对待自己的家人和朋友。她说敬业就一定会有事业，敢拼就一定有未来，我坚信这一点！

另外还有简单、敬业、服从规则、默默无闻、忍耐等一系列品质，我将之统称为“香港信念”。

梦想在的地方，冬天都不会冷

懂得生活的人，才是会工作的人。

有一次，我与一名叫Y的下属聊天，敞开心扉，认真地聊。初秋的天气格外爽朗，我们的聊天不急不忙。

每每与下属聊天，我都会聊过去、现在、未来，总觉着这样透、爽快。当聊到他的背景、他的未来时，他突然停顿了下来，然后一股脑给我说了一切，搞得我都有点惊慌。慢慢地，随着他说得深入，说得动情，我开始被他的故事吸引，并为之惊叹。

当年轻的孩子选择离开父母，离开家乡去闯荡时，内心肯定极其彷徨，当然也有一些向往。就好比儿时放学总是跑去爬别人家的桑树，偷吃桑果回家被父母训斥一样，美其名曰放学去玩，实际是想解解馋。选择去异地的人大都如此，就如同我当年只身一人投奔厦门一样，每当寂寞空虚、郁闷至极时，都会喝几口金门高粱解愁——思乡的愁。几年后，当闯出点名堂，自信满满时，才敢当着别人的面激情昂扬：当初我来到这里，是因为我敢于追寻自己的梦想！

Y在西北长大，与大多停留在北上广的孩子一样，属于典型的家境不好、收入偏低、家庭负担重的孩子。在生活的压力下，他独自南下，穿越山脉，穿越河流，来到城市。与无数的南下大军一样，他们在这里欢笑，在这里哭泣，在这里迷惘，在这里寻找，在这里心如狂潮，在这里实现自己的财务目标，在这里实现了儿时立下的梦想，一个蜗居在大城市的梦想：在这里买房买车，在这里娶妻生子，直到长膘变老。

Y说刚来时感觉压力很大，他认为缓解工作压力最有效的办法就是脚踏实地，拼命做事，一边工作，一边学习。只有不断地学习，才能充实自己，才能让自己工作起来得心应手，才能在这个沸腾的城市里不再落单。

他大多数的时候都在想着如何可以再多做一点，如何在别人看来是吃亏，自己却觉得是收获的事情上多做一点。更重要的是，要学会讨好身边的人，更主动，这样才有人肯带你，肯教你，有人带和有人教比自己摸索得到的更快，他说这是捷径，是前辈教的，一般人不知道。遇到困难要谦虚求教和自我检讨，不要气馁；你的情绪不仅会影响你的工作质量，还会影响你周边的人，开心工作才有开心的生活，要时刻享受工作，这是领导教的，别人也不知道。此事有如信仰，不宜深究，心诚则灵。

Y说懂得生活的人，才是会工作的人！他一个人的时光大多是看看书，打打球，锻炼身体，还不费钱。他说他一直在思考，思考什么是人生价值，什么情况才会无所思，现在终于体会到，找个好的公司，有自己喜欢的位置，活下来，享受每月发工资的喜悦感，或许就是自己追寻的人生。

聊着聊着，时间已晚。我侧过身，看了看窗外清爽的天气。广州还丝毫没有入冬的征兆，阳光依旧灿烂。我问他：你怕南方的冷吗？南方的冷是湿冷，冷到骨髓。他笑着回答：有梦想在的地方，哪里的冬天都不会冷！

听到这里，我沉默了。面对年轻，我何曾不是一头羔羊，历经磨砺；我何曾没有经历迷惘，但我却从未远离信仰，因为心中，总有梦想。

回到属于你的地方，那里有你心爱的姑娘

情怀这东西，有时候折磨死人。

每个人心里都有一个希望，当初你背上行囊出发，远赴他乡的时候，内心是怎样的渴望，如今的你又身在何方？好好想想，出了城，过了江，哪怕到过旧金山，最后你会发现你逃来逃去，逃不走，终究还是离不开那个属于你的地方，就如悟空，永远飞不出如来的大手掌。

我喜欢房子的热情大过喜欢姑娘，这一点我身边的人都知道，绝不扯淡。

喜欢房子，这也谈不上是对物欲横流现象的一种趋附，而是打心底喜欢，这跟我从小到处搬家，老妈总让我哥和我一间房，而房又总被我哥霸占了有关。我总幻想长大了，有间自己理想的房，装修得随心所欲，肆意夸张，能装下我的情怀，每逢雨天，能躲起来，写一纸文章；在屋顶开一扇小窗，窥见世俗的理想，偶尔也晒晒太阳；在后院养一条狗，在阳台摆放下我记忆中的画板，沏一壶茶，整点名堂，日子过得越来越慢，而我内心不再慌张。仔细想了又想，怦然心动，喜欢得不得了，但是当下，没有钱，仅能想想，但想想也好。

事业也一样，走了一段路，临近中场，看看身旁，有的出国移民，有的总跑香港，有的在马来西亚盖房，有的还在甲级写字楼里，当着老总，站着训话，显得很忙。

闲暇时，Even还总是回来看看，说是别断了朋友情，心里总有念想。Even有股仙气，长发剪短，做起事来有模有样，很是漂亮，心思细腻得很，给人温暖，是个好姑娘。

忙累了，偶尔也得歇歇脚，想想南村午夜开市的猪大肠，想想深井烧鹅，想想黄记煌，想想还有啥想买没买，想想关于那些知与不知的未来，市井般的生活，显得好平凡，只求内心安静。一觉醒来，只要你想，心中就一定有原乡。

美丽的地方，我想到了丽江，我曾多次去过丽江，虽然不如丫丫这厮跑得勤，但还有点印象。在那里，可以放空，周一到周五不用穿西装，不用在老板面前吹拉弹唱，也不用讨论每天多少现金到账，山还是山，水还是水，公路没有堵车，乡间老人放羊。丽江有酸汤鱼，有各种蘑菇，有丽江粑粑和吹猪肝，吸引无数的饕餮食客前来品尝。还有各种画廊、各种坊，装满各种艺术家的惆怅；也能在前庭后院的躺椅上度过悠闲时光，四方街的晚上有散不去的异乡姑娘，喝大了，不知自个住在哪家客栈，哪间房。每次去丽江，我都睡不安稳，心里总是胡思乱想，想四方街的一米阳光，想小桥流水客栈，想客栈老板老杨带我上山，想骑骑马儿，醒来，却是梦一场。

常在江湖混，做诸多事，惹一身账，绷直了脖子听话，挺正了腰板干活，身体总是会出现麻烦。早几年很是疯狂，有一段时间不要命了地加班，不管值不值当，体能阈值持续降低。直到有一天，两眼肿胀，脚底发麻，心想，坏了，倒下是必然，一点没有思想准备，来不及预防。

晕倒一个钟后爬起来，自己还叫车去了医院，现在回想起来还是挺强，喜欢死扛。我真没当回事，以为只是磕伤，以为是跟平时刮、碰、擦一样的小伤，可到了医院，立马就给推进了急诊病房，拍了个片就被安排坐在一旁。

很快，片子出来了。现在医学真好，不比小时候，脚踝骨折，老妈还得骑个自行车，去到很远的大医院才有X光，来回近十里。待片子投射在墙上，医生一看，开始发呆，站着，一脸的慌张，急忙电话呼叫安排会诊。医生挂了电话口中不停问我有没有知觉，眼睛是否看得见，困不困，搞得我一头雾水，有点迷茫。

咚咚咚，门开了，闯进来一群人，一看，七八个足有，医生们开始聚集在房里，各自发表自己的主张，反复讨论，最后一句话是：这小子命好，估摸不死也难免会瘫。听见这句话我浑身起鸡皮疙瘩，冒出冷汗，内心突然五味杂陈，说不出的惊慌。

紧跟着是一夜检查，核磁共振加X光，突觉一夜如此寂寞，又黑又漫长，结果出来：颈椎骨折，曲度变弯。

第二天一早，医生给打了石膏，开了药，嘱咐了一下，说回去无妨。居然就这样奇迹般地让我出院，说半年恢复，已无大碍。这时我才缓过神来，想想还没见着阎王，双眼立刻肿胀，抱着媳妇，眼泪止不住往下流，稀里哗啦。媳妇说我一整晚脸上没有一丝表情，没说一个字，双眼发直，心里一直在逞强。她知道，我一直在想，想万一出事，媳妇怎么办，老娘怎么办，老家九十多岁的外公怎么办。

青春能有几年，出卖时间、出卖体能的糊涂事，一桩又一桩，用过了，身体罢工，总要算账，这其中，以肩膀、手臂、脖子尤为突出。

回归内心，才发现，原来职场，不仅仅只有向前看，偶尔还要歇一歇，找找本该属于你的平淡，粗茶淡饭，媳妇老娘。把心静下来，到处走走看看，可以去青海湖，去西藏，去亚龙湾，一湖净水，一眼尘世，一目汪洋。

偶尔我开始耍耍性子了，偶尔开始找找我自己，情怀这东西，有时候折磨死人。我时常在想，总有一天，当我内心有十足的平淡，当我开始逐渐平和，当银杏叶落下，叶尖开始泛黄的时候，我会回到这里，腾冲原乡，带上我心爱的两个姑娘（我亲爱的老婆和闺女）。

二 找到能闪耀你生命光辉的地方

如果可以，选择从做一名销售开始

如果有一天，你选择了做销售，先别急着去当当、亚马逊淘那些神奇的书籍回来做家当。

世界500强企业有50%的CEO都是销售出身，你信吗？反正我是不信，比例肯定没有这么高，但至少说明一点，有些干过销售的出头了，且还不少，我知道的有这么几位：联想的杨元庆、蒙牛的牛根生、亚信的张醒生、Facebook的桑德伯格、巨人的史玉柱、阿里巴巴的马云，其中马云是我的偶像。

最近这年头，市面上有好多励志书，神奇销售、疯狂销售等一大堆，说什么学了之后销售力大增，每月用麻袋扛奖金，说什么干一单顶辆奔驰，干一大票顶座楼，一看作者，没几个正经上过班，更别提自己做过销售和做到过Top sales的，诸如此类，笑笑罢了。

另外就是成功学，那些号称他的成功可以复制的，大多都是为了骗你钱去买书的，或者扯旗招摇撞骗的。心想要是像你说的这么成功，码字干啥，这活累，还遭罪。后来听一哥们说，成功人士的成功秘诀永藏在心，只字不提。我想着挺对，挺有理。有一天我对哥们说：你要哪天成功了告诉我，让我占你点便宜，他说：我要成功了早跑出国了，买别墅，享受去了，哪还顾得上通知你……

另外说个故事，两妙龄女子饭桌相见，互相吐槽，一个说："我的前任是个极品。"一个说："我的前任是个销售。"前者惊呼："做销售好啊，赚钱！"后者感叹："不行，是人精！"至于是不是人精我不知道，但至少干过销售还是有些好处的，如下种种。

（1）做销售能明辨是非。《礼记》有云："明辨之，笃行之。"行路之前明辨之，方能坚定前行。

事有黑白，水有清浊，人有真伪，常在江湖走，探路问道是关键，明辨是非是法宝。凡事有两面，人有很多面，如今的市场环境更是异常复杂，干销售就是与人打交道，大多看人，少数看事，多数时候对人对事都在做选择题，客户是找对还是找错？需求是真是假？产品匹不匹配？单子是大是小？价格是高是低？到底谁说了算？谁又是金牌小卧底？谁又能帮到你？这些都要一一面对，一一掰开，好好分个明白，好好抉择，好好拨开云雾，一一跳过梅花桩。

俗话说，上过当，吃过亏，摔过的跟头多了，自然就能看出些端倪，辨出些是非。

（2）做销售能坐怀不乱。树欲静而风不止，做销售干业务难免会遇到各种人、各种事，有机会遇见中年主任老色狼，当然也有机会遇见美腿丝袜小姑娘。出门在外，要少惹当地的流氓。

常在外面跑，容易孤单，但凡有人跟你玩暧昧，你即可念念经，欲望自然烟消云散。

做客户公关，经常要喝酒，在酒桌上，温良恭俭让等美德一下子丧失，人人都开始变得夸张。我一般情况下会留一分清醒，第一时间去找酒店，找到酒店锁死门，飞身上床。

久而久之，就能练就一身酒量，悟出处客之道如处人之道，凡事留一分清醒，讲究一个分寸，拿捏一个度，知道过犹不及，方能坐怀不乱。

（3）做销售能锤炼情操。做销售是极其辛苦的，碰壁是常有的，这都是不争的事实。做个辛苦的销售又能时常保有情操，实属不易。

情操为何物？情操一般不会无故上身，此事需要沉淀，需要积累。

（4）做销售的人，个个都是怀揣着貌似不可告人的崇高理想。他们善于与人交谈，善于获取知识，善于探索陌生的领域，善于学习生活的伎俩，琴棋书画，样样在行。他们四处奔忙，为金钱故，为事业狂！有人说销售的情操是一种求知的欲望，不畏辛劳，逢人便谈，时时与人为善，为的是学习身边每个人的一技之长。有人说销售的情操就是对完美的痴狂，以客为尊，永不停步，挑战自我，追求极致，不到长城非好汉。还有人说销售的情操就是一种对商业道德的褒扬，不争不抢，越挫越勇，坚定发扬一分耕耘一分收获的商者精神。还有人说，销售的情操是其基于内心的一种信仰，时刻奔忙，追求自己的理想。

我时常与我的同事聊天，我了解做销售的有多么丰富的情感，有多少数不清的故事，有多少的难，但大多江湖儿女在销售路上，虽然有的丢失了时间，有的丢失了耐心，有的丢失了情感，有的丢失了色相，但我相信，他们心中，依然固守情操，不偏不倚，依然在路上。

（5）做销售能人性两知。人性有恶也有善，人性本身无所谓好坏，亦无天生的恶与后生的善。在这个世界上，我一直认为，好人在一部分人眼中似乎没那么好，坏人在个别人心里也坏不到哪里去。什么是好，什么是坏，谁说得清楚？标准不一样，站的角度也不同。

干销售的常在江湖行走，不作恶但也要知善。你不犯事，但不担保你有时候不躺着中枪，人性若不知，销售难当。

老天有眼，赏你这口饭，走销售的路，收客户的账，遇到恶人怎么办？一是兵来将挡，二是甩一耳光。简单，对方耍刀，你耍枪。有人说干销售的个个都要像头狼，狼是凶猛的动物，嗅觉灵敏，坚韧顽强，不给人家可乘之机，时时刻刻提防，确保不受伤。另外，如果你足够刚强，能洞察先机，能提前识破恶人的伎俩，只要给你逮住机会，你就甩一耳光，恶人清醒，烦事了了。

恶人到底长成啥样？辨认倒不是很难，可以看，可以量，可以仔细端详、观察，还可以听，可以交谈，可以使劲激他一番，如果他停不下来，如果句句不在点上，辨个八九不难。还可以问，可以发难，发难之后如果对方行事匆忙，内心异常慌张，那么恭喜你，中奖！

人情冷暖，世态炎凉，销售总有无数的挑战，当你不幸遇到了种种困难和挫折，当你发现该人没有帮你还落井下石的时候，你会觉得世态炎凉，但再难你也要记住人性本善。

（6）做销售能心若磐石。我去过太多的酒馆，去过各种的场合，细数一下，干销售的日子已经很长很长。从酒精过敏、面红耳赤到每逢饭局到处找酒，到处找肉，神色稳定，当年的小青年恍惚一夜之间变得非常强。

嘴上没有了口头禅，说起话来、干起活来越来越利落。人说宰相肚里能撑船，此事变得一点也不难。

上过小人的当，内心不再害怕小流氓，受得住天天胡搅蛮缠，更不害怕完不成任务，头儿会故意刁难。遇到事儿也一般习惯自然，早已练就一身如来神掌，困难当头，一一化解。

如果有一天，你选择了做销售，先别急着去当当、亚马逊淘那些神奇的书籍回来做家当，可以先去公司寻觅一位你觉得厉害的前辈，死缠烂打，拜倒在其门下，动之以情，晓之以理，大酒伺候，总之就是让其吐真言，话真知，教你满身武艺，这事比啥书都来得值当。

如果你选择了做销售，那你一定要耐得住寂寞，不慌不忙，不卑不亢，如老牛般吃草，如渔夫般撒网，迟早，你会收获惊喜。

如果你选择了做销售，那么恭喜你跌入火海，是否涅槃重生，一看天分，二看造化，三看老天赏不赏你这碗饭。

回想2005年，我去老家乡下探亲，远远看见外公在一个小土坝上挖红薯，老人家身板依旧硬朗，挖出来的红薯个头都很大。那天老人家特别高兴，乐呵呵的笑声，在风中回荡。那个时候他一定很有满足感，一定特别幸福，因为他种的红薯丰收了，那种丰收的喜悦，跟做一名销售成功的喜悦，我觉得在内心的感受上是一样的，并无区别。

做销售同样亦是乐在挑战，乐在进取，乐在过程，乐在享受成功的喜悦。

拉开人与人之间差距的是职场斗争吗

不要胆小，不要害怕，不要怕路上遇见黄鼠狼，关键是时时刻刻提醒自己，内心不能慌，要有花儿，要有阳光。

职场亦江湖，职场有王五、张三，各种烧香，各拜神龛。拉帮结派常有发生，各种小团体互不相让。这时往往斗争也就出现了，都想上位，都想获得自己的欲望，最后搞得鸡飞狗跳，最后安静下来，输了的可能拍拍屁股，一走了之，形似大灰狼，但赢了的也不见得有多心安，最后往往两败俱伤。

常在江湖行走，出入各种场合，要懂得欣赏他人，也要提防受伤，所以关键时刻，还是不要盲目参与。

老田总跟我讲：职场有政治呀，有斗争呀，大哥啊，太多坏人，容易受伤啊，你信吗？我说：我当然信。他说：为啥？我说：你说的不就是我嘛，那年在北京，在建国门外，我受过伤啊，所以我信。只是大多数人不太愿意相信，往往故作矫情，趾高气扬，往往把自己娇嫩地脱离开来，说：不关我事，与我无关，我是真的没有与人结党啊。这些都是虚伪的人，都还有极强烈的欲望。

职场有君子，君子受人敬重，不逐名利。君子难当，十有八九都活得很累。职场有小人，小人一般多作怪，尽争分毫。小人时刻都很嚣张，其实内心很慌。

职场有大奸大恶之人，职场亦有真善美。在职场中，你身边总有人内心丑陋，有人喜欢干些台面下的勾当。小时候总听外公说，丑人有丑相。后来明白是因为丑人总干些肮脏的勾当，已无人相。丑陋的人偶尔也会行行善，这取决于他面对的对象。

职场有尔虞我诈，各种伪装。外公教导我说：小人当道，恶人嚣张，你在外行走，要注意时时刻刻提防，遇事不要惊慌，瞄准敌人的脑袋，迎面一枪！迎面一枪？我的亲娘，这是要我犯法啊，违法乱纪的事，咱不干。别误会，在革命年代，外公是咱伟大祖国共产党的游击队长，外公年轻，身强力壮，有副好身板，加上是武术世家出身，身手不错。小时候每每端起凳子，靠着外公的腿，外公都喜欢拉着我给我讲武侠故事，讲他的革命往事，讲他有一次在夜路上，路遇鬼子，一把马刀，单挑四个鬼子，几番较量，扭断他们的脖子，刀刀捅进他们的心脏。时至今日，他还被当地人称赞，大家把这件事奉为美谈。外公还说，待人要有怜悯之心，坏人本不坏，他们内心都很荒凉，要多给些温暖，让它开花、长草，早日弃恶从善。对于怜悯之心，每个人都会根据不同的情形来看，我怎么看？人在做，天在看，我倒不怕坏人变好有多难，总有一天，遇上大的劫难，他会知道回头是岸。关键是我们自己，不要胆小，不要害怕，不要怕路上遇见黄鼠狼，关键时刻提醒自己，内心不能慌，要有花儿，要有阳光。

职场总有人会让你感动，总有人会温暖你的心房，不要怕，耐心地等，总会有那个属于你的神龛。但凡经过种种斗争，依然坚毅隐忍；但凡打过纸老虎，斗过黄世仁，还能卸下各种武装，一点不慌张；但凡历经各种磨难，依然坦荡荡，依然怀想过往，说明你已经近乎超脱，安宁之路，足可想象。

不要观众、不要奢望、不去取悦每一个人

生活要有十足的烟火气。

总部来了领导，一群领导，我陪他们喝了一顿酒，庆幸的是，醒来，自己还在。

晚饭时领导主持开了一场生活会，这词太新，刚学会，信息量太大。会后结论是好的多过不好的，优点多过缺点，酒桌上，饭局上，有的有所顾忌，有的酒后吐真言，大家都还是很坦诚，但普遍谨小慎微。

人的基本社交基因告诉我们要获得别人的认同、肯定以及赞美。可是，但凡在一件事上得到过多的赞美，是否又会导致你按照赞美约定的方向去发展而无法改变自己，总为别人的看法而活？

别人的看法到底有多重要，做真实的自己会有多难，你对“这就是我”的人生又会是怎样的一种态度？

一是对工作，执着追求

别人的利益优先，还是你的利益优先？

如果总是把别人的利益摆在前面，看起来会得到认可、赞美，反之则被认为自私，不被关爱，不被认同。

依己而为可能招来别人的嫉妒、抱怨，但能赢得目标，赢得肯定，最后想想，行事的本质是本位主义，如果你无获得，如果你无源源不断给予的能力，何来惠人之心，何来取悦之情？这与自私无关，与追求和自我实现有关，与内心强大有关。

当给予与自我达到一种平衡，与冲突无关，与智慧相关，与善

心相关。不一定人人在职场都非得混得像唐骏、孙振耀一样，成为别人眼中的“打工皇帝”，但要有追求，对质量、品质的追求。坐在小房间里喝茶和坐在公共区吹空调肯定是不一样的，查工资卡时多一个零和少一个零的心跳速度也不尽相同。

所以，工作要有追求，不仅仅要追求物质，还要追求一种感受，一种从优秀到卓越的历程经过，一种对自己价值和能力肯定的愉悦感受。

二是对生活，要有情怀

情怀是拥有一种高尚的心境。

生活需要历练，要有禅心剑气相思骨，样样具备，那每每办事，事事都会顺利。凡事要求趣味，悦己之事尽力为之，内心欢乐，工作之事也必顺顺利利。

一同事是潮州小伙，他心怀不羁，以自己的方式在朋友圈自嘲，时时惹得看客一头雾水，但我却读得心中快哉。这点我艳羡不已，就像我读的鱼玄机的词，展现的不仅仅是青楼女子的万般风情、爱恨情仇，还有那种对美好生活的向往。

办公室的时光，不只有笔记本和手机，还可以有Lana Del Rey和冯唐。朝九晚五的生活，不只有公车和三餐，还可以有歌剧和蜜糖。多少有些豪情，多少有些爽朗，多少有点性感，多少还可以有些放荡。

生活要有十足的烟火气，即使打翻了五味瓶，余下的还有沉香、好茶以及心爱的姑娘。

三是对生命，满怀敬畏

面对生命，我充满热爱。

我热爱我的朋友、文字，钟情玩物，执着事业。朋友是我的命，几十年的人生走来，一路上得到诸多关照，诸多包容，诸多提点，诸多打击，诸多冷眼嘲笑，我都满怀敬畏，心存感激，我想我是幸运的，至少我还活着。

有朋友问，2011年那次受伤后，我当时是怎么扛过来的？我就这一句话：一切都是注定的，不该是你的时候，谁也带不走。有朋友说，那以后我似乎变了许多。我说我只是内心宁静了许多，性子柔了许多，我只是不争了，对于生命敬畏了许多，更加懂得去享受世间万物的美好，如小草缅怀露水，如月光痴迷黑夜，如西风西下，老树乌鸦，如逃离城市找寻久违的太阳。

生命予我的荣光，我感激不尽，满怀敬畏。

生命是一段复杂曼妙的旅程，旅程中偶尔会有奖赏，会有考验，你都要积极面对，一一经历，不能错过，必须走完。我是虔诚于我命运的使徒，我信仰生命中的一切际遇，对于未来、未知，我满怀憧憬，终生探索，永无止境。

说完这些，我发现我应该是喝大了，心里暗自窃喜，我居然又如痴如醉地爽了一把，仿佛回到多年前那场一个人的演讲，心里又有一股莫名的小忧伤，有点惆怅，在同事阿超送我回去的路上，我终于窥见了那久违的月光。

活在自己的简历里，还是活在别人嘴里

活着不为他人，为自己，为未来。未来，因你而来。

在每个人的内心，都有两个自我：一个是渴望成功、自我赞美、期盼自由的自我，而另一个则是看重人际关系、社会地位，希望受人尊敬的自我。

简历会描述你在工作抑或生活中有多少优点、看家护院的本事和过往的历程。而别人嘴里的话是指那些当你不在时，别人不经意提到的关于你的评价。

到底哪一个更为重要，更加深刻？从内心深处来讲，哪一个才是真正的你？

因为带大团队的关系，我这辈子估计看了几万封简历了，不同的版本，不同的颜色，不同的内容，不同的经历，不同的目的，看得多了，一眼也能瞅出个大概。

后来一想，这样不好，太透了就没有继续聊天的欲望了，话也就没法往下接了，所以后来我往往都是先听对方说话，一边说我一边挖，最后再看跟他简历上说的是不是一致，核对一下，差不多，也就算及格了。

每个人出来闯荡江湖，都会先给自己做一份简历，一般都是冲着完美去的，这不为过，人都是自恋的，都有表达自己和表现自己的欲望，更何况当下竞争激烈，你不把自己夸赞一番，面试时别人就会迎面给你一个棒槌。

简历描述，但求真实，精心修剪可以，如同出门见客，怎么也得整个衣裳，搞套行头，一是代表对对方的尊重，二是有个格调，代表这就是你。

但虚伪的东西还是要摒弃，呼天喊地的东西少一点，牛皮包袱少带一点，这些终究都只是泡沫，瞒不过慧眼，经不起时间的印证。如果你是张飞，非得把自己整成刘备，那就是你不对了。

见过各种五花八门，各种胡乱扯的，比如其实是个打杂的，非得把自己整成个管事的；明明是个小销售，非得把自个包装成销售经理，要知经理前面冠以啥就是管啥，你顶多就是个客户经理，这厮回头还狡辩说公司就是这么叫的，到了那时，就不光是道德上有问题了，还要外加智商有问题。做多大事，吃几口饭，不该你领赏的，时候未到而已，爬升需要过程，无人一步登天，一蹴而就，这点要慎重。

或多或少，大家都会在简历上描述自己的诸多优点，抑或一些谋生的技能，见过写自己会织毛衣，会摔跤，会谈恋爱，会端茶倒水之类的，这些炫耀自己的话也就没有必要了，还是极力掩饰起来好，不然就显得多余了。

学会如何开始较好地描述自我，会使你成为一个略显精明的人。

翻着简历，有的长篇大论，像写武侠小说一样生动地讲述自己的动人故事；有的惊人心魄，扣人心弦，绘声绘色地描绘自己在上任东家的悲惨遭遇，无非是想获得更多的认同和心理满足。种种动机表明，你的诚意足够，你是一个对待事物认真的人，但真实不是放在啥地方都有人可以接受，隐私的事情不是人人都爱打听，个人的情感，少提为妙，不提也罢。直到那个时候你才意识到你自己和别人其实是有区别的，你还活着，你还知道自己是谁，你还需要什么。你从一开始内心就有欲望，就有一种渴望，这种渴望不光是解决吃、喝、睡觉的问题，这种渴望是你盼望获得更多的续写自己的机会，进取不止、折腾不止的信念，是内心深处对未来那个自己的期望，是需要花费时间，努力实现的梦想和对自己的承诺。

还有些时候，你试图在人群面前展现和表达自己，通过自己一早设定的那个方式开始，内心乐于别人来描述和评价自己的长处、优势、格调和信仰，以及会极力掩饰自己比较孱弱的部分，这或许是一种自我保护的意识使然，但终究是自尊心在作祟。你希望别人可以给你赞美，称赞你的能力、成果、人格魅力等，终归你还是在别人对你的定义下生存。

在繁复的职场人际关系中，你的本质到底是什么？大胆的？深情的？值得信任的？稳重的？在过去的很长一段时间里，包括我自己都会说，他人的评价和看法会显得尤为珍贵，十分重要。

但是现在，我时刻都会拷问自己，他们是我认为最重要的吗？我想，我的答案是否定的。

活在自己的简历里，不断地充实自己，做最厉害的自己，实现自我的价值，比起外在的认可更容易获得心灵的幸福，极其重要的是这种感觉不会消失，而是会持续，持续影响你的行为和动作，并驱使你努力做自己认为对的事情，实现自我的价值。活在自己的简历里，就如同活在自己的心里，开心不已。

活在别人嘴里，就会容易在乎别人的议论和看法，而容易忽视自己的价值，做一个别人口中光鲜的自己，就会陷入攀比的泥沼中，始终试图取悦别人，以此来获得满足。而你的内心呢，开始逐渐地迷失自我，在未来的路上，审视自己，已经没有来时的影子，孤独而简单。活在别人嘴里，只能永远停留在别人的嬉笑怒骂里，越走越黑暗，直至迷失自我。

活着不为他人，为自己，为未来。未来，因你而来。

如何用三个方法获得你的未来

未来如何获得的答案就是今日的努力奋斗。

许多年轻人身在职场中，往往容易看不清自己，当然这也包括早年的我，太多的人喜欢自命清高，趾高气扬，以为自己很厉害，遇到不公平总是会无谓地抱怨：老板不够客观，公司不够好，身边人都很傻……诸如此类，他们认为就自个儿清白。

我总结下来，这依然是心中有恶魔，魔怪在作怪，自尊心在作怪。当这些成为一个人在公司的常态时，就不能看清自己，估摸着也只能浑浑噩噩地度日，了此余生了。

如何看清楚？后来，慢慢地整理下来，我渐渐发现，认清自己没有别的好方法。

第一是多看工资单

多瞅瞅自己的裤袋，知道自己的收入水平，也就时时知道自己混得咋样，受重视程度如何。

工资高低，代表你这个人在公司厉不厉害，重要与否，同时也是你在组织中劳动力价值的体现，多掂量自己裤带里的银子，能准确适时找到自己在职场中的位置，这点很现实，很惨痛，但也很励志，很能激发人心。

第二是多看看结果

虽然结果不代表一切，但一个业绩好的人对我吐槽和一个业绩不好的人向我倒苦水，我依然会选择前者，洗耳恭听。虽然活无好坏，但定有高低之分，事无大小，但依然有优劣之别。拿人钱财，受命于人，当然得好好给人家办事，好好给人家干活。事情办好了，加官晋爵是常事，高薪俸禄定不会少。但人与人不同，往往就是不同的人办同样的事，效果不同，做到的成绩不一。职场之仕，如伙计，如绣花匠，如瓦房工。活干得漂亮与否，自有行家来定论，老板来检验，可举之事例太多，余不一一。

第三是多比较、多问

别光顾着自我欣赏，自我揣摩，多看看身边的人咋样，在公司中，找到能力比你强，职位比你高，且是你很钦佩的人，看看他们有你不具备的什么优点。多听听别人以及老板对你的评价，其中一定不乏中肯之语。

在职场当中，这三点，对一个人的认定可算是比较客观的。我时常告诉别人这点，但是依然有人不信，依然如井底之蛙，夜郎自大，心想，如此这般，何时能低头，何时又能吞得下委屈，何时又能长久？

日常工作中，彼此之间诸多的误解是双方沟通和理解上存在的一些细微误差，许多莫名就来的小小委屈其实根本就是一种本我的简单臆断。平时过多的愤世嫉俗只会耽误赶路的行程，辜负沿途的美好风景，最后落得人财两空，一事无成。

日常行事无须太过武断，无须情绪过激，不要收到信息的第一反应总是质疑别人对你的善意，对你的提醒。如此这般，长期下来，太多的心结会长久地堆积在你的胸口，难以抚平，难以褪去。多站在别人的角度，多看看别人的处境，多听听别人的肺腑之言，多想想对方的原意，只有好处，只会清醒，只会更静心，随心。

在功劳、利益面前，不是时时抢在前面，前面的不一定是最好的，好听的话有时可能也是毒药。

不要认为自己一直未被重用，不被重视，倘若持续做自己认为对的事，只待时日，哪有不成之理？哪有不酬之时？

当我时常告知身边人，“未来如何获得”的答案就是“今日努力奋斗”时，大家听了通常会很失望，认为就是一番陈词滥调的说教。我相信，往往故事最后的结局是：开始的时候大家都在，大多数人在中途离开，完美的结局只属于少数人。就像钓鱼，就像读书，就像减低身上的油脂，就像黎明前静待日出，要学会坚持，学会忍耐，学会慢慢地等待。

再努力一点，把事情做得再好一点，磨砺得再久一点，多等一等，花儿将为你而开，美梦将为你而来，财富自如流水而来。

这绝不是夸大其词，这是肺腑之言，这才是实实在在，同时亦是另一种对自我的期待。你可以相信，也可以选择不信，孰又知道，吃得亏，方能见真知；吃得亏，方能明自我；吃得亏，方能做得长久！

试着去信任每一个人吧

你不能一开始就选择沉默，选择作为一个真正的新人去等待即将发生的事。

当你新进入一家公司，加入一个团队，你势必遇到形形色色的人。

主动贴过来示好，表示愿意为你提供帮助的人；

在你面前故意摆谱，一副懒得搭理你的人；

有意无意在你面前游走，告诉你他资历比你老，你要多多留意的人；

和你保持一定距离，随时尝试靠近你的人；

偶尔瞄你一眼，眼睛时不时在你身上打量，随时观察你的人……

好人也罢，恶人也罢，职场本就是这样，鱼龙混杂，更何况你是一个新人，所以你要做好准备去面对你可能接触到的每一个人。你必须面对，无法逃避，所以，刷刷存在感还是很有必要的。

你必须尝试信任和你一起工作的人，这就是我的心得。

一切开始前，选择主动

我羡慕那些貌似天生就能适应陌生环境，和陌生人相处得好的厉害角色，他们无所畏惧，做事游刃有余，甚至有做外交官的潜质。

虽然我不是天生就对陌生环境和陌生人免疫，但我依然会在开始前选择主动，主动找能给我提供某些帮助的人，主动找富有经验的人讨教，主动向我所能触及的人介绍自己，我称之为“卖相”，这样似乎才会有存在感，至少不会一眼就被人遗忘。

在一个陌生的环境里，你不能一开始就选择沉默，选择作为一个真正的新人去等待即将发生的事，那样你就失去了掌控的机会。

我喜欢掌控一切，而不喜欢由别人来掌控我。

建立彼此的信任

当你是一个管事的人时，信任的挑战可能来得更快。因为下属会很快一窝蜂上来，不断地在你耳边，在你身边，以各种语言、各种动作，通过一切可能的机会让你发现他们，了解他们，记住他们。他们会简单地认为，只有通过各种热情和积极的行为，才能更好地了解你，了解你的能力，了解你的看法，了解你的性格，了解你的本事。

往往在这个时候，很多人会表现得尤为谨慎，十分拘谨，担心说错话，担心说多话，担心犯错，担心动作和表达过于夸张，总之就是各种担心，各种小心。其实，这样的表现反而会给对方带来不确定感，甚至会带来一些不安，他们会感觉没有被快速地信任。

对方建立你们彼此间信任基础的尝试，可能就此打住了。正如皮格马利翁效应（Pygmalion Effect），有些人基于对某种情境的知觉而形成的期望或预言，会使该情境产生适应这一期望或预言的效应。

反之，如果对对方的种种动作和任何行为都表现出你的善意和理解，面对各种“老大，我可以……吗？”“老大，你需要我帮你……吗？”的询问都报以满意的回答“是”“好啊”“不错哦”等类似的赞同，那么一定会有意想不到的收获。因为善意是没有成本的，善意的信任是可以得到回馈的，而且可能是持续不断，绵绵不绝的。

信任，很美好

信任其实也是一种彼此间的依赖关系。

我对于此点有明确的体会，这是一个85后的下属让我学习和感受到的。

那次我去北京，跟每个到一个陌生城市的人一样，首先要搞清楚酒店、购物、租车、吃饭，此外还有一个必选项，就是要问问他怎样才能不被忽悠。他虽然不是地道的本地人，但似乎比本地人更贴近当地生活。他了解这个城市的“脾气”，知道这个城市最好和最不好的地方是什么，哪些容易让人接受，哪些需要时间来慢慢适应，哪里不会上当就能淘到好玩的器物，哪里可以逛充满情调、文艺范十足还相当优雅的胡同，哪里有这个城市最好喝、最有味的大酒。

至于“忽悠”，他笑着说，这几乎是不可能避免的，但你必须用一颗平常心来看待，无须太较真，过于较真就是跟自己过不去了，而且容易陷进去，从而走进死胡同。

本地人和南方人最大的区别就是，他们不会认为跟你讲的每一句话都是承诺，并为之要承担相应的后果，因为那很可能是他对你表示的一种友好，为了缩小彼此的距离感而和你套近乎的一种手段，千万不可以那么较真。

如果你要确认事情的靠谱度，还是需要反复地且一本正经地叫上一声“哥们儿”，方能正儿八经地把事情谈了。这样事情的进展就会比你预想的要好很多，而且效率比你想象的可能还要快很多，因为北方人更爽快，办起事来利索，也许会更好。

试想你在这个城市停留、工作或生活，你有很多事情都需要和周围不同的人打交道，你逃不掉，你在这样一个环境生存，彼此是互相依存的关系，而不是要去刻意地排斥和阻隔一些东西，你只有去信任这个城市，信赖周遭的人，才会更安心、更有耐心地待下去，才能慢慢发现这个城市的文化、底蕴和各种厚重的美。

他快速地识别我是个吃货，带我去各种我愿意尝试而后又可能给予较高评价的地方，以此来拉近这个城市和我的距离，增强我对这个新环境的舒适感，这一点我尤感钦佩。

虽然他急于得到我的认可与赞赏，但同样我也需要一名百科全书式的向导，以及始终保持下去的、毫无保留的积极态度与工作热情。

熟悉我的人都知道此地是我最不能适应的城市之一，当我待在这样一个常有雾霾天气、饮食难以适应、周遭是各种大声嚷嚷又貌似松了发条神侃的人的时候，我会显得格外焦躁、不安，甚至有点抓狂。但这次居然例外了，我快速地适应下来，快速地了解了一个年轻人并建立起了彼此之间的信任，对这个城市的感受也开始变得那么真实、亲切，显得那么自然、舒服。

原来信任除了可以改变心态外，还可以迅速地让你融入环境，变得更加自信。

信任是人与人之间关系发展的根基，是工作环境和职场中不可或缺的试金石，任何关系的恶化都是从恶意揣测对方的举动开始的，任何美好关系的维持都是以坚信对方会用善意来解读自己的行动为基础的，永怀感恩，往前一步，信赖别人，并坚信自己会被信赖。

说真话的能力到底有多重要

说真话的能力与心境有关，与智慧相关，与内心强大有关。

北京，4月15日，大风，沙尘漫天。

这十三年一遇的黄沙覆城居然让我赶上了，也算走运，开着车东兜西转，兜兜转转，找不到方向，心急火燎地赶去开季度会。说真话，我不愿意开这无聊的会，尤其是赶上这大周末晒太阳的好时候。

还好，在最后一分钟的时候到了会议室。

每开一场会，每每各种争吵，各种跨线条、跨类别、跨职位地胡乱交流，各种价值观相互碰撞，不是伤嘴喉，就是伤肝、伤肺、伤脑细胞……

当然，我主导的除外，我主张无伤无害，开完为快，这样谁也不抱怨，谁也不烦心，各自惬意，各自欢喜！

至于这次，我选择了一个有趣的主题来讲：讲真诚，讲胆量，讲如何做一个说真话的人。

很多人，想想曾几何时，能敞开说话，大着嗓门说真话是一件多么畅快的事。不矫情，不惶恐，不焦虑，不躲藏，想说就说，想到哪说到哪，极为痛快。

可慢慢地，年龄逐渐增大，当资历越来越深，做的事情越来越大，责任越来越重，带的人越来越多，取舍的纠结也越来越多的时候，这种能力似乎在退化，慢慢消失掉。这与胆怯无关，与谄媚亦无关，而关乎周全，关乎顾虑，关乎对象，与心境有关，与智慧相关，与内心强大有关。

“做一个真诚的人，一个大胆的人，一个简单纯粹的人，一个锲而不舍的人，一个坦荡磊落的人……”这是时常萦绕在耳旁的谨训，是祖辈交给我们最真挚以及最珍贵的东西，它是目标，是准则，亦是人生的信仰。

职场中，到底何谓真诚的沟通？真诚的沟通就是尊重事实，不偏不倚，不浮不夸，坦诚相待，与人沟通时或在听人说话时要做到尽量理解，自己讲话时尽量容易让别人理解，这就好比寻人问路，如若态度不好，抑或傲慢、虚假，那将极有可能丢给你一条错路，一条不归路。

给别人建议时不要考虑自己的利益，求人办事时敞开心扉，事必简单；如若那来人面露诡异，夹着点阴险，那必将是心怀不轨，此等人不理也罢。职场中，如若你真诚待人，对方未必诚心待你，但如果你虚伪以对，换来的一定是绝无交心。

这么些年，看过很多人，你从什么地方来？你要去向何处？为什么要到我这发呆？

我带过很多人，当然也面试过很多人。很多年轻人，尤其是很多职场新人，习惯性地在简历中夸大自己的成绩、所经手的事情，抑或某方面特有的能力，各种奇葩数不胜数。

其实从某些方面来看，这也可以理解，急于求成嘛！

当你见到公司很多的不平等、很多的错误，是该说出来还是继续保持隐忍？

真实的谎言和善意的谎言导致的结果差异又有多大？

JOE是我的同事，勤劳朴实，待人大方，浑身闪耀着光芒。我一般都会“邪恶”地认为这种满身正气、人见人爱的“好好先生”背后会有一个毛病。

果不其然，有次，JOE屁颠屁颠地跑来跟他的上司Jason请假，7天，不多不少。原本以为是家里老人、七大姑或八大姨中的某一个寿终正寝，要回去探亲之类，可拿到假条一看，请假理由居然是其大学毕业以后一直是黑户，其母亲费了九牛二虎之力托了李叔叔、张大伯或隔壁老王之类的搞定了关系，这趟要回去正儿八经上个户口。

挺好一事，临行前他还兴高采烈地跟部门小伙伴一个个挥手告别，顺道嘶喊了一声：我也要有户口啦！

我站在办公室门口使劲向他挥手告别，心想人间有真情啊，人间有真爱啊！

后来，这事情慢慢就淡忘了，直到有一天，一个同行朋友在一个酒局里跟我遇上，三五杯二锅头下肚，他开始习惯性地吐槽我们这个行业了，什么竞争激烈啦，什么奇葩客户啦，总之一堆苦命创业的哥们通常喝到最后都是一把鼻涕一把泪地告别，临行前都来一声：明儿还要早起去见一客户，我得走了。

通常也是在这个时候，我的内心是充满忧伤的。今儿个还特殊，临走前，这个同行朋友告诉我：你们那谁，JOE，太不靠谱了，上次来我这面试通过了，干了一个礼拜就跑了，现在也不知道去哪了……

我一听这话，大吃一惊，为啥？JOE一直在职啊，仔细想想，也应该就是那次所谓的黑户变红户的假期有猫腻。哎呀，百密一疏啊，亏我当时还心潮澎湃地感叹生活多美好，满含热泪地挥手告别呢，这是在浪费我的感情啊。

说到这里，很多人肯定会想，后来JOE怎么样了，不好意思，让大家失望了，回去后，JOE还是JOE，没有变化，他依旧做他的工作，依旧朝九晚五地上班，依旧给人老实忠厚、踏实肯干的形象，依旧面带笑容见人招呼，户口也依旧是那个不曾变化的黑户，而职位也还是那个职位……

“莫欺人，欺人必被戳，谎话一出，一个带十个……”这是小时候外公教的谚语，从小到大，一直都伴随着我成长。

说真话的能力在于品德，品德一丢不可能弥补；

说真话的能力关乎信任，信任没有了，就不再有嘱托；

说真话的能力在于勇气，勇气没有了，难成大业；

说真话的能力对我，很重要，对你，我相信也很重要。

不知礼，无以立也

每个人心中都有一个特工梦。

在北京，闲暇时看了部《王牌特工》，电影里面最带感的就是那句“牛津好过布洛克”。

熟悉我的人都知道我喜欢待在电影院，不是简单地为了多看片，研究一堆所谓段子去刷豆瓣或知乎影评之类，而是真心喜欢，跟喜欢穿蓝色上衣可以略显忧郁一样，喜欢那一排一排的硬沙发，喜欢躺着看看前面各种男男女女的奇妙组合，喜欢五花八门、奇妙带感的各种攀谈交流和动作场景……

我甚至梦想过开家影院，每日在播放室里溜达，隔着大玻璃，透过放映小窗，各种嘚瑟，各种窥见，各种奇思妙想。有时我都怀疑我是不是得了某种病，还病得不轻……

这个美好的念想一直都在我脑海的深处安静地存放着，直到有一天，我知道了一件事。

我的老友Simba真为自己搞了一间影院，五颜六色，晃瞎小眼那种。Simba是个俗人，不专一事。这俗得不能再俗的俗人，闲暇时光唯一爱干的，也是最爱干的，就是去影院。

后来有一天，我听说Simba的老父亲原来是个电影制片厂的老厂长，一辈子光阴都奉献给了电影，如今退了下来，希望Simba能延续自己的事业。于是，我突然开始自豪起来，我想我和Simba一样，是一个具有崇高理想、内心高尚的人啊！

不知礼，无以立

礼是什么？是规则。你在一个组织里面讨生活，不断成长，获得大家的帮助，得到老板的提拔，做得好的时候，有人给你荣耀，做得不好的时候，有人替你出头，有人给你挡刀，有人给你施舍。于是，你也为这个组织服务，帮助组织成长，拿出自己的诚意，面带笑容，热情、积极地对待身边的每一个人。于是，你成了组织的一分子。

做事情开始得心应手，时而讨个巧，人缘还倍儿好；时而在前辈面前撒个欢，还挺讨人喜欢；时而出个小错，有人指点，有人替你背锅。慢慢地，你开始在组织里面愉快地成长，不管遇到什么事情，似乎都能迎刃而解，不缓不急，不快不慢。

似乎每一个新人进入职场都期望自己能迅速融入组织，快速获得组织的接纳，且能在组织里面健康快乐地成长。可往往事与愿违，不是每个人行走都能如此坦荡，也不是每个人都能获得如此多的蜜糖。有些人走歪了、走偏了，就开始变得分外嚣张；有些人走急了、走快了，慢慢开始变得慌张，掉进了老鸟布下的网，想往上爬，越来越难。

小M是一名助理，刚毕业就进入公司做了助理。虽然刚来，但她一点也不紧张，很活跃，貌似是个踏实女青年；虽然有点稚气，但行事果断，面带笑容，又很懂事，深得前辈的喜欢。她待人接物甚是娴熟得体，慢条斯理，不慌不忙，对于所有棘手的事情她都有妙招去处理，一步一步走得很是稳当。

有一天早上，迷雾刚散去的早上，阳光洒在办公室，光线很强。小M早早地到了公司，准备开始一天愉快的工作时光，就在这时，电话铃响起，不知什么原因，老板一大早就来到了办公室，给小M打来了电话，问起了昨天的一件事情，是关于一封邮件的事情。

“怎么Jason总监的预算，他昨天已经开始执行了？”老板言语缓慢，听起来不像很生气的样子。

“是这样的，昨天Jason给你发了邮件，我看你不在也没有时间回复，就让他先执行了。”小M回复得很坦然。

“因为我看你每个月都批复了Jason的预算，另外Jason跟我说很着急，所以我就先答应他让他先执行了，免得耽误事情。”小M补充道。

“下不为例，仅此一次。”老板开始严肃起来。

小M突然感觉事情好像不是那么简单，跟了老板那么久，老板几乎都没有这么严厉地对自己说过话，而且用词还这么斩钉截铁，小M开始紧张起来，连忙开始道歉。

“对不起，老板，我错了！下次一定不会了……”小M急速地回答了老板的话，态度诚恳。话音刚落，她内心开始变得十分忐忑起来，只听见心脏剧烈跳动的声音。她认真等着听老板的答复，看是否老板因为这句道歉能马上放下这件事情。

“嗯……知道错了就好。但你依然不知道其中的道理，对吗？”老板语气变得柔和起来，跟平时没有分别。

小M这才舒了一口气，马上答道：“老板，您教教我呗……”

小M用一贯甜美的语气回复老板。她知道，接下来，老板会跟她讲事情的道理，跟过去每次不厌其烦地教她一样。每次老板讲完，她都会思考好几天，直到完全理解其中的道理，如事物的逻辑、做人做事的方法，受益良多。

“财务没有我的批复，是不会记录费用预算发生的时间的，也不会直接给他们打款，也就是说他们的执行行为是在我邮件批复之后发生的，而我没有批复，Jason已经开始执行了，倘若某种原因，这笔预算没有批，那就出现了财务风险，而Jason的这种行为就将受到处罚，甚至承担费用责任，这种行为是绝对不允许的，先斩后奏，本末倒置，原则上属于违反了预审和报批制度。”老板一口气讲了好多。

“关键是，你口头代我批复是不对的。哪怕你认为我一定会批复，也需要口头申请得到我的确认，你漏掉了我们之间最关键的工作规则，这是一个助理的大忌。千万记住，不是所有事情都是约定俗成的，不要按照你认为的方式去做事情，这样很容易触碰规则。”

听到这里，小M内心开始不安，脑子里面开始放电影，梳理事情的来龙去脉，慢慢地，她开始意识到，事情似乎比自己想象的更加严重。听完老板一席话，她终于明白，如果做事情没有先后的程序，如果想当然地去做事情，擅自逾越规则，那么等来的可能就是不可预见的后果。

礼是什么？是尊重。很多公司，很多组织，总有一些陋习，总有一些内部矛盾，员工与员工之间，员工与老板之间，员工与客户之间，有政治斗争，有各种吵闹，这大多是没有学会和理解什么叫职场里的尊重。

你在什么岗位，你是小兵还是大牛，都不重要，你必须学会尊重彼此，尊重你的上司，尊重你的同事，尊重你的客户，尊重你的每一个合作者。因为人生来都是平等的，每一个岗位上的人都应该被认真对待，与经历无关，与背景无关，更与职位无关。

从容一点，优雅一点

文天祥《跋〈吕元吉先人介轩记〉后》："风气浅薄，其能刻厉矫揉以窃毅然丈夫之名者，已不多见。"

公司有一个年轻同事，他活泼好动，招人喜欢，人见人爱的那种。他整天跑来跑去，受人称赞，得尽表扬，乐在其中。

有一天，他跑过来，问我一个关于如何快速成长为更优秀的人的问题，以及如何成为谁谁谁的问题。

我说自娱自乐是动物的天性，娱乐过头了容易显得轻浮，所有的事情都有个度，拿捏得好，方能游刃有余；掌握不好，则容易阴沟翻船，淡定从容方能决胜于千里。

接着我问道：为何要成为那样的人呢？你真的准备好了成为那个样子的人吗？你所见不一定如你所想，眼前你看到的一切并非事物的本质。

他依旧不以为然，依旧执拗地认为要想有更优质的生活、更华丽的装备和更高品质的生活，前提就是成为一个拥有更高职位的人。

我浅笑一番，觉得他无畏的同时又对他心生怜悯，而又好想说一句：肤浅！

如今的职场新人有此等想法的不在少数，自我欣赏，内心骄傲，目空一切，冷眼看身边人，还眼高手低，流于形式，有各种奇思妙想，思潮泛滥，而其心智还停留在搞不清职业是件什么事情的情况之中，行动能力还处在很弱的状态下。此等流派，大公司不在少数，小公司也有很多，尤其在迅速发展的互联网行业，比比皆是。今日不干了，明天有个小想法去创业了，后天四处吹捧哪个产品是我做的，为的无非就是名利物质，求的无非是不劳而获，早日成功跨入青年才俊之列……

内心的小魔鬼蠢蠢欲动，终日不得安宁，于是各种浮夸，各种不切实际，让看客们大跌眼镜的事情层出不穷，各种现象都出现了。跳个槽薪酬翻3倍的产品经理，有个想法就拿上百万天使投资的小小创业家比比皆是，当然，死的比活着的多，栽了的比活着的多，倒霉蛋比幸运儿多得多……

今日，如此思想就如同几把刀狠狠地架在当代职场年轻人的脖子上一样。

第一把刀是“天真”。他们是如此的年轻，如此的初生牛犊不怕虎，如此的纯净，就像一张白纸任你谱写；他们有干事业的激情，有用不完的精力，灵活且有想法，这一切都显得如此美好，但有时候天真害死人，不懂规律，只有方法，不熟悉规则，只想捷径，久而久之，天真变成了担忧。比如你要放心，他给你添堵；比如你要安心，他给你添乱；比如你要静心，他给你带来烦忧。天真有时可以变成美好，有时也可能变成不确定。

第二把刀就是“野心”。年轻就是野心最直接的代言，他们如此有野心，能够迅速地直达目标，完成任务，甚至还能总给你带来惊喜。当野心过头也特别容易让摊子垮塌，比如过度的承诺带来的失落，过度的张扬带来的仇恨，过度的侵略带来的伤害，过度的获取带来的透支和不可控制的局面。

第三把刀就是“浅薄”。这指的是内心开始妒忌，开始度量，开始排挤，开始各种泛滥，开始揣摩每个人纯洁的动机，开始质疑每个人动作背后的逻辑，开始高傲地认为自己在人群中处于中心地位，开始荒诞地认为一切事物和身边的每一个人都变得傻乎乎，而自己可以搞定一切，如同圣贤一样，可以完全自欺欺人地挥别过去，妄想仅凭自己就能完全主宰身边的一切，就是如此的任性，就是如此的自负。慢慢地，各种内心的奢望开始变成一种狂妄，无法收场；慢慢地，各种对于未来的期望变成了忧虑，忧虑过后一切好的梦想都变成了一种负担；慢慢地，开始妥协，开始放弃，开始伤害，开始坠入深渊，开始不能爬起，不能自我救赎；慢慢地，开始感察内心烦忧之处，荒芜在自己无谓的浅薄里。

前段时间有一天，一大早起来，闲着无聊约了老友去喝茶，突然对面有个人笑容满面地起身跟我打招呼，我一时惊诧，还以为对方认错人了，看了很久才认清对方是阿华。跟他寒暄了几句，发现他还在一家私人公司做leader，一切还是照旧，基本无太大变化，人也还是那么健谈，只是言语中多了点对生活的妥协，有无奈，也似乎有不甘心。我突然想起过往，说道：当时你刚走，你的leader就升职了，搞得我找了好久才招到他的替补，要是你晚走几个月就好了……

我们聊起了他之前几个老同事的现状，他的回答很是简单，嗯嗯，都知道，都挺好之类的，没聊几句便道别了，说下次有机会再聚。当他转身时，我看到他脸上的失落，同时还有莫名的忧伤……

当我坐下来，我开始慢慢回忆起阿华原来做销售的日子。记得还是很久很久之前，具体已经记不清是哪年，公司某部门有个帅小伙，口才极好，人也勤奋，灵活，热爱学习，经常做TOP sales，同时也是我们准备重点培养的管理者，他就是阿华。

一切就是这么巧合，在我们准备提拔他的前3个月，他提出了离职，原因是要回老家。后来想想他这个答案是多么幼稚。经过种种劝留以及说出我们想要提拔他的想法之后，阿华还是没有留下来。当然我们后来知道他离职的真正原因是因为他想做leader而不能再多等3个月，而离职时又固执地认为想要提拔他只是我们的一种说辞而已，更重要的是他坚持认为阿霞会成为下一个部门leader而不是他。

阿霞是与他同样优秀的同事，也经常是TOP sales，与阿华不相上下，且在阿华走的那个季度，她做得比阿华还要好，但她有一个作为leader的致命缺点，就是缺乏协作能力。我们也跟阿霞谈过，告诉她只要她能改进这个缺点很快就会有做leader的机会给她。阿霞听了我们的建议，认真改正自己的不足，同时与新leader认真配合，表现如以前一样好。在不久后的第二个季度，我们也履行了我们的承诺，提拔了阿霞。阿霞平步青云，不久后做了总监，再不久后做了总经理，再之后做了区域负责人，管理4家公司，近500人，一切都显得顺其自然，水到渠成。

暂不评价孰更幸运，孰更幸福，谁的获得更多、更好，就论短暂的优胜而言，我想阿霞是赢家，起码就如今的脸庞来看，阿霞的脸上充满了笑容。

慢一点，优雅些。

花无千日红，谁也无法预知他们的未来会走向哪里。当时间慢慢地流走，你的未来又能有多少个十年？当你两鬓斑白时你是否后悔你曾经的选择？是否会因为你当日的冲动而后悔不已？

错也好，对也好，到最后，其实还是态度主宰一切，如对待不公平的态度、对待混乱秩序的态度、对待迷惘现实而无法选择的态度、对待生命中与你交汇的人事的态度、对待引领你的人的态度、对待宁静夜晚心中期待的态度……

为什么不让自己更加地优雅，更加地从容一些？

慢一点，你会学到更多的道理；慢一点，你能感受更多的温暖；慢一点，你能收获更多的信任；慢一点，你能看到自己更加美好的一面；慢一点，你才不会错过那场最美的旅行和沿途的风景。

生命让我们懂得了什么叫生活，而生活却赋予每个人不一样的坎坷和崎岖。其实，这一切是好是坏都不重要，当你终有一日老到已经走不动，在小酒馆默默地饮酒时，你是否会想起曾经对的选择是多么可贵，曾经跟对的人、做对的事是多么可贵，曾经一段一段美好职场的过往是多么可贵，曾经的往事变成各种暖流涌上心头是多么可贵。

慢慢走，只有慢下来才会让你有时间感悟生命，这样的过往时光才不是浪费，这样的胜利才更加值得纪念，这样的回忆才不会有更多的伤悲，这样的生命历程才值得慢慢回味；慢慢走，走得再从容些，靓丽风景就在前面，美丽人生永远没有尽头！

▶后记

不负芳华，不负自己

当你离开熟悉的地方，去到一个陌生的城市，加入一个新的公司，大多是因为已经厌倦了现在的工作。于是，你起身，怀抱野心，鼓起勇气，很自然地开始你新的职场旅程。

我只是从你的职场路过

“寻梦的人，永远在找寻自己。”

格格是我同事，长相一般，偶尔还有些臭脾气，成日念念叨叨，十分吵闹，属于那种打趣时始终被对方说“别闹，走开”的类型。看似十分普通的外表下，似乎没有什么闪亮和值得特别关注的地方。每每碰见她，她总会神经质地大声打招呼，生怕别人听不见的那种，然后傻笑几声，没心没肺的那种。

但有一点，格格与众不同，那就是：灵性。

每每遇到新问题，新挑战，她似乎总能快速应对；在工作的时候，总是那么投入。

有一年的秋天，当北京大风刮起，落叶泛黄的时候，她终于离开了那个她以为能帮她看清人世间的大是大非，收获自己原以为想要收获的一切，甚至造梦的地方，她回家了。

回家之前，格格来广州看我，我带她吃粤菜，在一个天台餐厅，我们面对面坐着，侃侃而谈。

“格格，你变了哦。”

“咋啦，变得不认识了吗？”

“没有，变得冷静了好多。”

她深思片刻。

“没有啦，我只是变得更懂自己了。”

“……”

“那个城市不属于我，她属于我年轻的躁动。那里没有温暖，没有朋友，没有我想要的一切，于是我离开了。”

“新的工作找好了吗？”

“嗯，找好了，一个传媒公司。我最终做回了我最喜欢的市场，我喜欢的工作，没有约束，大家对我都很放心，我可以思考，可以做出我想要做的东西，远离那些浮躁的东西，远离那些没有必要的闲谈，远离本来不该去追寻的虚无时光，我终于找回了我自己……”

“嗯，祝福你。”

这个世界，没有什么是一成不变的。

从开始出发的那一天起，每个人的脚步都不会停下来，兜兜转转，肆无忌惮地挥霍自己觉得还可以挥霍的一切，最后，你还是会回来，回来找寻最珍贵的东西，那些可以让你思考、热爱、放下，以至安心的东西。

职场就是这么神奇，你总以为会更好，你拼命使劲地向前，原本以为别人所经历的一切都是那么精彩、那么不同，当你开始行动，当一切似乎变得更有起色的时候，你又开始思考你到底是谁，你到底在追寻什么，你到底需要怎样的生活。于是，你开始逃跑，逃到一个你原本就想去的地方：你的梦开始的地方。于是，你找到了自己，当你觉得你更像自己的时候，那么，你回来了。

奋斗青年，都不会辜负自己

小罗是我多年的朋友，认识十年，相交十年。

小罗是个简单可爱的人，一个憨厚到有趣的人，一个不折不扣的奋斗青年，从农村到城市，10多年来一直默默前行。而我们一直很像，有些地方甚至一模一样，比如砥砺前行，从不停步，在各自梦想的路上奔忙，都没有时间回望。我们偶尔聚在一起喝喝茶，基本聊的也都是过往，叙叙旧事，聊得心安。

一个下午，阳光刺眼的下午，太阳照到身上可以出油的那种，我正在办公桌前端坐，突然电话响起，拿起一看，原来是小罗，电话中他很急促，似有心事。

“老路，有时间吗？来我这喝茶，快点，我在办公室泡好茶等你。”

“没什么事吧，这么急的样子？”

“来了就知道了，找你聊聊天。”

小罗喜欢找我喝茶，喜欢跟我聊天，频率不是很高，一般都是拿不定主意的时候。

心想又是遇到什么难事了，我一边起身，一边拿起打车软件开始叫车，不一会，车就到了。当我匆匆忙忙走进他办公室的一刹那，我看到了他的背影，一个比10年前宽大发福的背影，一个似乎不再那么年轻的背影。

他转过头，跟我打了招呼，示意我坐下，准备泡茶，转身的一刹那，我看到了他眼神中有光，动作缓慢，我似乎也看到了他内心的软弱，心中貌似有不少忧伤。

“我跟我老板谈好了，我走！”

“这次这么坚决？一点余地没有了？”

“想好了，自己干！”

“真想好了？”

“嗯，这次真想好了……”

“想好了就行！支持你！”

我已经记不清这是第几次小罗跟我说他要离开别人的公司，准备为自己做点什么。一早就知道他想自己单干，做点自己擅长且喜欢的事情，只是一直在犹豫，一直在思考，舍不得，也放不下与老板多年相濡以沫的交情，思考走了之后跟着他的下属怎么办，于是就一直没有想好，一直也没有决定离开。

这一次我们聊了很久，聊到了过去，也聊到了未来……

“不管怎么样，祝你一切顺利。”

“嗯，会的，不会辜负自己！”

他送我离开，关上门，嘴角微微上扬。我慢慢走出他的办公室，当我回眸的一刹那，我看到了他眼里的光。

每个人都会在职场中一个特定的时候选择离开，有的为了成就别人，有的为了成就自己，于是每一个人都会不停地做选择题，选择离开，选择留下，选择放弃，选择开始成为一个新的自己……

当你不再纠结于曾经的过往，内心就没有了慌张。这一切的选择与时间有关，与境遇有关，与你内心的坦荡有关，因为你已不是一只羔羊。

有时候，在职场中，你会遇到很多人，你也会错过很多人，与他们相对，与他们相会，与他们擦肩而过，与他们产生是是非非，与他们相濡以沫……在那些人身上，你能看见很多亮光，真诚的亮光，人性的亮光。

这些人有些活得拧巴，甚至都想把自己掐死；有些活得痛快，肆无忌惮，都快要飞起来；还有些人不卑不亢，沉着地面对一切，就好像如镜的湖水，永远没有波澜。

沉静也好，疯狂也好，套路也好，撕扯也好，这一生哪怕你走到生命的尽头，至少你还可以回看，回看你一生都在不停地奔跑，遇到过，彷徨过，痛苦过，相爱过，时光永远在不停地兜兜转转，每一个人都曾从他人的职场路过。

奇妙缘分

认识少聪是在一次长城会举办的参访活动上。他不惊不慌，面带笑容，两只眼睛忽闪忽闪的。

记得那天他穿着湛蓝的衣衫，一身运动装的打扮，基本可以辨别出是个“四好”青年，至少当时是这样。

那次的参访活动很是匆忙，因为还有别的事，只是简单地拿PPT分享了个把小时。我也十分疲惫，几句寒暄，人潮过后，就径直回去了，导致我对他根本没留下什么印象。

所有的缘分都是这么奇妙，没过多久，我们就在商学院的开学典礼上相遇了。这次看他，神采飞扬，老远跑来就一个熊抱：“老路，我们真有缘啊，现在我们是同学啦！”

这一次，他让我印象深刻。我开始仔细打量起身边这个小我6岁的年轻人，面容有点消瘦的他居然是刚从上市公司退下来的。

同学之间的友谊是一种情感，是一种集体主义精神。在这里，彼此之间的藩篱会被拆下，大家逐渐放下伪装；在这里，没有董事长和小职员，也没有大富豪和穷小子，没有所谓的围墙之外的条条框框；在这里，大家都无限地接近对方；在这里，大家都情绪高涨，每每上课，一月不见，各自都有各自开心的事儿，讲个不停。

在广州这个以美食著称的城市，人和食物总是相互影响的。我们在漫长的职场海洋里徜徉，我们总会和最知心的朋友一起吃大餐，一起互诉衷肠，而酒则成了最好的调和剂。我一直觉得酒是有性格的，当你不愉快的时候喝它，它就和你一样忧伤；当你心烦意乱的时候喝它，它就是一块膏药，给你疗伤；当你大快朵颐、异常兴奋的时候喝它，它就是一首探戈舞曲，令人心动，快意绵长。人生也是这样，时而冷静，时而慌张，时而激情澎湃，时而落地而荒，生活有数不尽的苟且，而我和你们一样，依然奋斗在职场。

写到这里时，我搭乘的飞机刚刚落地。我去了杭州，见了阿里巴巴事业部的总裁和他的团队；回来的飞机上，我看见了彩虹，像梦一样的彩虹，绚烂。说不上什么原因，心里特别高兴，坐在窗户边，美美地看着窗外一抹抹白云飘去，思绪瞬间就回到了多年以前……

职场是战场，也是我们人生的修罗场，有人流连忘返，有人还在路上，还有人铩羽而归，弃牌离场。衷心祝愿每一个当初怀抱理想而出发的人，都能找到回家的路，不负芳华，不负过往。

▶ 附

101条职场常识

职场人，总会有不同的际遇，也总会遇到各自不同的问题。

比如初入职场的新人，应届毕业生，他们总是期盼快速融入职场，可现实却让他们四处碰壁；迷茫的职场人，年近三十，依然找不准定位；年过三十的，还没有自己的核心竞争力；有才华的职场人，经常又因为目空一切，而败在“险恶”的人际关系中，事事不顺；缺乏认知的职场人，从前、现在，乃至未来都不知道自己该何去何从，如何自处。

相信以上这些际遇，你多多少少也听说过，甚至自己也经历过吧？那在遇到这些职场问题时，我们应该如何面对呢？

答案有很多，特别是在这个知识爆炸的时代，你总能找到更好的导师，给出让人拍案叫绝的答案。曾经我一度也是这样认为的，直到我后来遇到一位大学生，他问了我一个简单的问题：一位好的职场导师，到底是什么样子的呢？

于是我就在想：他们会不会像坚定的执行者，能够激励我们，鞭策我们，偶尔迫使我们踏出关键的一步?他们会不会像苏格拉底，并不为我们提供答案，而是教我们如何思考？他们会不会像明星，他们本身就是成功的行为榜样，告诉我们如何成功？我还没有答案。

虽然在人力资源领域沉浸10多年，和无数职场高手、职场领袖们打交道，但我始终没能总结出一套完全通用的职场问题解决法则。因为真正的职场千变万化，而每一个职场人亦与众不同，面对不同环境产生的问题亦有万般差异，这一切不应该用取胜的思维来解答，而应倡导的亦只有一种能力，那就是自我的职场智慧修炼。

这就像《孙子兵法》所倡导的核心概念，意思是：我能不能赢了你，其实在于你；但是我会不会输，会不会打光所有的牌，那是我自己的问题。也就是说，我们能不能做好工作，在职场中发展，最关键的因素还是我们自己。自己首先要做到不败，才能有机会取胜。于是，在日常工作中，我始终怀着对每个人、每件事、每个成就瞬间的好奇心，发现细节之美，并将它们一一记录，日积月累，它们一直都在鞭策着我，鼓励着我，陪伴着我，它们就是我的101条职场常识。

如下，分享给各位：

101条职场常识

1. 认知之内是常识，认知之外是见识。

2. 我无所畏惧，因为我还相信真理！

3. 不是不可或缺，而是与众不同。

4. 所有耀眼的光芒都需要时间才能被看到。

5. 一生只做一件事。

6. 每个人生来都应该被认真对待，哪怕这个人一开始很“愚蠢”。

7. 你曾挨过的，必将会回来。

8. 因为有希望，所以会有勇气抓住每一个不曾出现的精彩瞬间。

9. 不管走了多远，都要时不时低头，低头问问自己，当初出发是多么的不容易。

10. 如果什么都一成不变，日子过着过着，人也就老了。

11. 你越谦卑，别人会认为你越脆弱；你越善良，别人会觉得你越害怕，其实他们错了。

12. 值得去的地方，没有捷径；向往的路上，没有悲伤。

13. 生活不止有苟且，还有野心和欢欣。

14. 所有的勇敢不过是遇到挫败和失落抚慰自己的一剂良药而已。

15. 你值得给你自己加点盐，因为弱者本来就很无味。

16. 我不害怕失败，我只怕我自己爬不起来。

17. 努力一点，再努力一点往上爬，总有一天你会感激现在的自己。

18. 职场不可奢求的事：老板待你如亲子，同事捧你似牡丹，满怀抱负的青葱岁月和激情不减的你。

19. 原谅一切的不公平，原谅所有的打击，因为原谅别人是一种豁达，原谅自己是一种释怀。

20. 一个人就要像一支队伍。

21. 职场没有尽头，你我狂奔到不能回头。

22. 工作没有这么复杂，流血流汗都不要害怕，你敢闯它就敢报答。

23. 如今的你，看所有功利和浮华，就像看到将来的你，那么浮夸。

24. 尊重比傲娇重要，自己的本事比索取重要。

25. 内心强大到谦卑，比什么都重要。

26. 职场真兄弟——你们喝酒吃肉，你们彼此成就，你们决不放弃，就是患难兄弟。

27. 不要怂，不要脸，不要命——职场奋斗三部曲。

28. 你是佛系，你是戏精，你替自己管好自己，不去祸害别人，不去伤天害理。

29. 都说未来的成功是不可预见的， 但每一个成功的瞬间，都似乎是冥冥之中注定的。

30. 人比较怪，似乎总不喜欢别人指正自己，可每每上了年纪，总说年轻的时候领导该多批评自己。

31. 有些人很奇怪，总希望最晚走的是别人，加薪的是自己。

32. 乱说是非者，必是是非人。

33. 成功的人分两类，一类是你，一类是别人；时机也分两种，一种属于你，一种不属于你，往往是时机来了，却不属于你。

34. 职场忠诚就是忠于自我和忠于组织 。

35. 自我管理就是自我驱动和训练有素。

36. 职场选择就是：入对行、进对门、跟对人。

37. 你的身价不是自己抬高的，而是公众认可的。

38. 想涨薪就跳槽，这个想法是极其愚蠢的。

39. 关键不是如何做选择题，而是要具备做选择题的能力。

40. 逃避不能解决问题，反而会创造更多新问题。

41. 所有的事情不要等到最后再去找理由，一开始就要找方法。

42. 职业就是一个信仰。

43. 简单思考，简单相信，相信相信的力量。

44. 在职场生涯中，不管身在哪里，不管身处何位，永远记得要学会感恩。

45. 不忘初心，永远不要迷失自我，懂得活在当下。

46. 虽然表达很重要，但听比说更重要。

47. 自我认知：知道我是谁，知道怎么做，知道如何互动。

48. 经验来自实践，就像通过看视频、看书很难学会游泳一样。

49. “赢之有道”是行事准则。

50. 微笑是你职场人际关系的第一张名片。

51. 职业素质是你拿七位数薪水的基础。

52. 知道自己不知道什么，知道什么，什么时候应该知道，就怕不知道自己不知道。

53. 执行力强，就是超越老板的预期完成任务。

54. 野心与妄想总是那么相似，控制好自己的欲望很重要。

55. 与上级有效沟通的方法：多选项、少负担、没偏见。

56. 每个人都要渡过职业倦怠期。

57. 负面情绪是你职场沟通中最大的敌人。

58. 建立简单可信赖、真实可依赖的伙伴关系。

59. 多看别人的长处，多理解别人的难处。

60. 丢掉所谓稳定的想法，它会让你堕落。

61. 一个人无法成就自己，一个组织才能成就你。

62. 人格魅力不是自己给自己的，是别人综合评价出来的。

63. 如果你不去成就自己，你就等着别人让你成就他吧。

64. 不要认为你知道你的老板在想什么，也不要猜测你的老板在做什么。

65. 一份好的履历，是一封感动上帝的信。

66. 自我管理不好的人，总是没有办法管理别人。

67. 活在别人嘴里，别活在自己的简历里。

68. 你的水准够不上你的薪水，再跳槽也没有用。

69. 没有最好的面试，只有最真实的自己。

70. 跳槽的时候多一些善意，跳槽之后会更加的顺利。

71. 自我“升值”最重要，跳与不跳其实不重要。

72. 战友之间，当面提醒，背后维护。

73. 知道并不能代表你学会了怎么去做。

74. 别想试着说服别人，要先学会表述自己。

75. 在职场中，吃的了亏，做得久。

76. 拉帮结派是团伙，不是团队。

77. 职场中，诚信是一面镜子。

78. 不是所有同事都会成为你的朋友，但你的朋友中必定有一个同事。

79. 忧心之处在于浅薄，优胜之处在于从容。

80. 你可以什么都没有，但你必须要有信仰。

81. 找准自己的位置，别总想别人给你位置。

82. 试着去信任每一个人。

83. 你身边的人分发动机和刹车两种，有事时多点燃发动机，永远不要踩刹车。

84. 换个角度看问题，会有超乎想象的办法。

85. 先人后事。

86. 在职场中，找个偶像意义重大。

87. 你觉得自己被无视？那是你正在经历蘑菇式成长。

88. 最重要的软实力就是沟通。

89. 知识赋能就是你自带主角光环。

90. 人在职场，要时刻恪守“职场的准线”。

91. 你总说老板偏心，其实是你总让老板操心。
92. 热爱和坚定，比任何机会都更能够点燃梦想。
93. 禁锢我们思考的永远是我们自己，而不是别人。
94. 唯有信仰才可以抵挡我们对不确定未来的恐惧。
95. 心存阳光，你也可以看到彩虹。
96. 偶尔记记笔记，相当于背上一个锦囊。
97. 职场并不大，山水总相逢。
98. 不要忘了你是谁，别人才会知道你是谁。
99. 学会平衡是处理人和事的关键砝码。
100. 知礼而立，不知礼，无以立也。
101. 职场智慧，是你一辈子的修炼课。